한미란의 니트 교실

거꾸로 뜨는 톱다운 아이옷

TOP-DOWN KNITTING FOR KIDS

KNIT DESIGNER · 한미란

Green Home

PROLOGUE

2019년에 출간한 『거꾸로 뜨는 톱다운 니팅』을 많이 사랑해 주셔서 감사합니다. 이번에는 아이를 위한 TOP-DOWN KNITTING 『거꾸로 뜨는 톱다운 아이옷』을 선보입니다.

첫 번째로 나온 톱다운 니팅책을 본 독자들의 반응은 크게 2가지였습니다. "전체적인 구조와 치수에 대한 설명이 있어서 좋다.", "조금 어렵다." 입니다.

이번 책을 준비하면서 먼저 나온 책에 대한 독자의 반응은 책의 구성과 방향을 결정하는데 아주 중요한 기준이 되었습니다.

그럼 '쉽게 볼 수 있는 책을 만들어야 하나?'

오랜 시간 고민하고 내린 결정은 「재미있는 책을 만들자!」 였습니다.

국내 최초의 톱다운 니팅책인 『거꾸로 뜨는 톱다운 니팅』은 톱다운 니팅의 기본 구조를 익히는 기본서이기 때문에 대부분이 기본적인 작품들이었습니다.

이번에 새롭게 출간한 『거꾸로 뜨는 톱다운 아이옷』에서는 기본 기법을 보여주는 디자인보다는 한층 업그레이드된 다양한 디자인으로, 톱다운 니팅을 한층 멋스럽고, 세련되며, 독특하게 즐길 수 있는 디자인과 재미있는 디테일, 기법들을 작품에 접목시켜보았습니다. 조금은 복잡해 보이는 디자인도 도안, 사진과 함께 서술형 도안으로 최대한 상세하게 풀었습니다.

또한, 작품 전 과정을 동영상으로도 볼 수 있기 때문에, 설명이 보다 쉽게 초보자들에게 다가가 이해하는데 큰 도움이 되리라 확신합니다.

기법 위주의 책이다 보니 처음부터 치수를 변경해서 뜨는 것 보다는 책에 있는 도안과 동영상을 참고하여 작품을 떠보길 권합니다. 그래서 이 책의 작품들도 작은 사이즈의 아이옷으로 준비했습니다. 기법을 충분히 익힌 후에 필요한 치수로 같은 디자인을 한 번 더 뜨면서 책 속 모든 기법을 자신의 것으로 만들어 보세요.

아마 나중에는 익힌 기법들을 활용하여 나만의 창작 니트를 만들어보는 멋진 경험을 할 수 있을 것입니다.

KNIT DESIGNER

한미란

이 책의 구성과 특징

이 책은 2~9세의 아이옷 니트와 소품으로 구성되어 있습니다.

각각의 작품은 도식형 도안+서술형 도안(상세설명)+동영상으로 볼 수 있습니다. 동영상은 본문 해당 내용에 QR 코드가 있어 관련 영상을 바로 볼 수 있습니다.

뜨개 도안은 도식형과 서술형이 있습니다.

TOP-DOWN KNITTING은 서양에서 유래된 뜨개 방법이라 대부분의 도안이 서술형으로 되어 있습니다. 서술형 도안은 초보자들이 따라 뜨기에 편리합니다. 도식형 도안은 우리나라와 일본 니트책에서 흔히 볼 수 있는 방식으로 도안 한 장만 보아도 전체 구조와 뜨는 방법을 한 눈에 알아볼 수 있습니다. 하지만 초보자에게는 서술형 도안에 비해 어려운 것이 사실입니다. 그래서 이 책에는 이 2가지 도안을 모두 담았습니다 톱다운 니팅의 특성상 글과 그림으로 설명하기에 부족한 부분은 영상으로 담았습니다. 서술형 도안과 동영상은 뜨개를 처음 접하는 초보자도 따라할 수 있도록 전 과정을 상세하게 서술하였고 촬영했습니다. 각자의 용도에 맞게 활용하시기 바랍니다.

서술형 도안에는 많은 뜨개 약어가 사용됩니다. 약어는 뜨는 방법의 영문 앞글자 이니셜만 따서 만들어집니다. 영문 원어를 우리말로 번역하여 넣으면 너무 길어서 도안이 복잡해집니다. 이 책에서는 우리말 번역이 짧은 용어는 우리말로, 긴 것은 영문 약어로 들어갔습니다.

손뜨개에는 아주 많은 기법들이 있습니다.

코를 늘리는 방법만도 여러 가지입니다. 각각의 코늘림 방법은 특징이 있고, 그 특징에 따라 달리 사용해야 합니다. 이런 뜨개의 기법들을 어떻게 활용하느냐에 따라 작품의 퀄리티가 달라질 수 있습니다. 책에 나온 작품에 이런 기법들이 어떻게 사용되었는지 잘 살펴보기 바랍니다.

이 책은 작품을 따라하면서 뜨는 「도안 개념」이 아니라, 뜨개 기법들을 연습하는 「연습장」이라 생각하면 좋겠습니다. 기법을 충분히 익히고 난 후, 자기가 원하는 사이즈로 바꾸어서 한 번 더 떠보기를 추천합니다.

톱다운 니팅의 가장 큰 특징은 떠가면서 몸에 맞는지를 확인하고, 그 사이즈를 조절하면서 뜨는 것입니다.

내 몸에 맞춰 뜨는 옷이 이 세상 단 하나뿐인 진정한 나만의 옷이 아닐까요?

이 책에 나오는 주요 뜨개 방법

양방향 코잡기(MAGIC CAST ON)

양쪽 방향으로 조직을 뜰 수 있도록 코를 잡는 방법이다. 코 잡은 자리가 표시나지 않고 신축성이 살아있어 톱다운 니팅을 할 때 다양하게 활용하는 기법이다. 양방향으로 코 잡고 고무단으로 뜨는 경우에는 한쪽은 매끈하고 다른 한쪽은 표시가 많이 나기 때문에, 표시가 많이 나는 쪽은 돗바늘을 이용하여 표시나지 않게 깨끗하게 정리하여 감춘다.

이 책에서_ 「숄카라 더블 브레스트 가디건」의 뒷칼라, 「더블 후드 코트」의 후드에 사용.

되돌아뜨기(SHORT ROW)

되돌아뜨기는 톱다운 니팅에서 없어서는 안 될 중요한 기법이다.

이 책에서_ 「고무밴드에서 뒷목세움을 하는 경우」에는 Wrap & Turn, 그 외 「뒷목세움과 프릴을 뜨는 경우」에는 Japanese Short Row를 사용.

● **Japanese Short Row_** 일본식 되돌아뜨기는 되돌아뜬 자리에 마커를 걸어 되돌아뜬 콧수와 횟수를 구분하기 쉽다는 장점이 있다.

● **Wrap & Turn_** 고무단처럼 앞뒤 모두에 되돌아뜬 흔적이 보이지 않아야 하는 경우에는 Wrap & Turn을 사용한다.

코막음(BIND OFF)

● **일반 코막음_** 신축성이 없어도 되는 곳은 일반 코막음을 한다.

● **짐머만식 코막음_** 신축성이 있어야 하고, 코막음한 끝선이 얇아도 되는 경우에 사용한다.

● **신축성 있는 코막음(Stretchy Bind Off)_** 신축성은 있어야 하지만 코막음한 끝선이 얇으면 안 되는 경우에 사용한다.

　　이 책에서_ 「투웨이 스커트」의 밑단 코막음에 사용.

● **돗바늘 고무단 코막음(Tublar Bind Off)_** 고무단 조직의 밑단을 통통하고 단정하게 마무리할 때 사용한다.

　　이 책에서_ 「숄칼라 더블 브레스트 가디건」의 밑단 코막음에 사용.

2코 걸러뜨기

가터뜨기의 가장자리 부분이 울퉁불퉁하게 못생긴 것을 개선하기 위해 사용한다. 가터뜨기가 상하수축 성향이 있기 때문에 2코를 걸러뜰 수 있다. 가터뜨기가 아닌 다른 조직에 사용하면 걸러뜨기 때문에 길이가 짧아진다. 2코를 걸러뜰 때는 1번째 코는 바늘에 걸린 모양대로, 2번째 코는 안뜨기 방향으로 걸러뜬다. 예를 들어, 겉뜨기 2코를 걸러뜰 때는 첫코는 겉뜨기방향으로, 2번째 코는 안뜨기방향으로 걸러뜬다. 안뜨기 2코를 걸러뜰 때는 2코 모두 안뜨기방향으로 걸러뜬다.

이 책에서_ 「더블 후드 코트」의 앞판에 사용.

코늘리기

- **M1R / M1L_** 코와 코 사이에 걸쳐 있는 실을 걸어올려 뜨는 코늘림 방식이다. 걸어올려 떠진 실이 오른쪽으로 기울면 M1R, 왼쪽으로 기울면 M1L이 된다.

  이 책에서_ 「소매의 코늘림」과 「요크의 코늘림」에 사용.

- **오른코늘리기(L1R) / 왼코늘리기(L1L)_** 전단에 떠진 코의 아랫부분을 들어올려 늘리는 코늘림 방식이다. 가장 표시가 안 나는 코늘림 방식이지만 코늘림 자리의 조직이 약해지는 특성이 있다.

  이 책에서_ 「솔칼라 더블 브레스트」의 몸판 코늘림과 진동 코늘림에 사용.

- **kfb(knit front and back of same stitch)_** 한 코 앞에서 뜨고, 뒤에서 떠서 코를 늘리는 방법으로, 뒤에서 뜬 코가 늘어난 코가 된다. 늘어난 자리의 표시가 많이 나는 편이지만, 다른 코늘리기 방법에 비해 조직이 탄탄한 특성이 있다. 특히, 환편뜨기로 같은 자리에서 매단 코를 늘려야 하는 경우에 사용한다.

  이 책에서_ 「변형 래글런 원피스」의 래글런 코늘림, 「컨티규어스 오픈 베스트」의 어깨경사에 사용.

- **pfb(purl front and back of same stitch)_** 안뜨기를 하면서 코를 빼지 않고 뒤쪽 고리에 한 번 더 안뜨기를 한다.

- **바늘비우기(Yarn Over)_** 늘려야 할 코를 바늘비우기로 늘리고 다음 단에 꼬아서 뜬다. 여러 코를 한꺼번에 늘리고, 늘린 자리가 풍성해져야 할 때 사용한다.

  이 책에서_ 「프릴장식 원피스」의 밑단프릴에 사용.

겹단

밑단을 깔끔하게 마무리하거나 스트링을 끼울 수 있는 밴드를 뜰 때 사용한다. 시작 위치에서 만들 때는 별실로 사슬코를 떠서 만들고, 끝나는 위치에서 만들 때는 돗바늘을 이용하여 ㄷ자봉접으로 만든다.

이 책에서_ 「레그워머」의 조임단, 「오픈 롤카라 판초」의 밑단에 사용.

아이코드

콧수가 작은 환편뜨기로 3~5코 정도를 주로 사용한다. 리본끈이나 밑단 마무리에 사용한다.

이 책에서_ 「리본장식 셔링 스웨터」와 「더블 후드 코트」의 밑단에 사용.

01

숄칼라
더블 브레스트
가디건

02

프릴장식
원피스

03

오픈 롤칼라 판초와
귀달이모자

오픈 롤칼라 판초

귀달이모자

04

더블 후드 코트

05

**변형
래글런 원피스와
넥워머**

06

**리본장식
셔링 스웨터**

07

**투웨이 스커트와
레그워머**

08

**컨티규어스
오픈 베스트**

작품별 과정 한눈에 살펴보기

숄칼라 더블 브레스트 가디건	프릴장식 원피스	오픈 롤칼라 판초
뒷칼라	목밴드	앞뒤 롤칼라
뒤판어깨	래글런 코늘림	롤칼라 연결
앞판어깨	프릴 달기	코늘림과 배색무늬 A, B
소매 만들기	래글런 코늘림 완성	배색무늬 C
소매 분리	소매 분리	소매트임 만들기
몸통 뜨기	몸통 뜨기	소매트임 연결
소매	소매	밑단무늬와 겹단 만들기
완성	완성	완성

귀달이모자	더블 후드 코트	변형 래글런 원피스

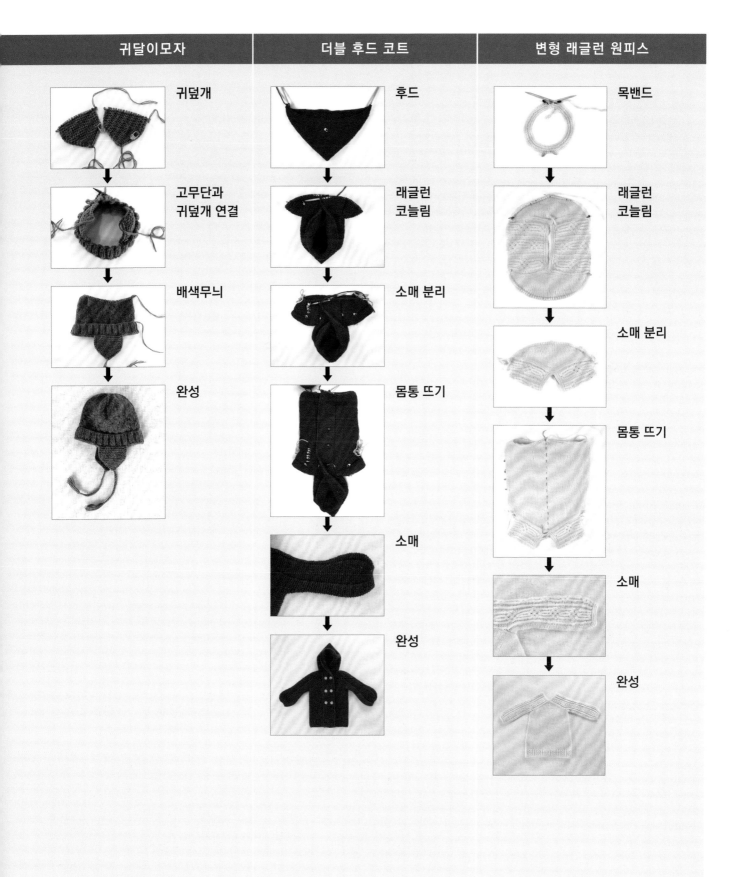

귀달이모자
- 귀덮개
- 고무단과 귀덮개 연결
- 배색무늬
- 완성

더블 후드 코트
- 후드
- 래글런 코늘림
- 소매 분리
- 몸통 뜨기
- 소매
- 완성

변형 래글런 원피스
- 목밴드
- 래글런 코늘림
- 소매 분리
- 몸통 뜨기
- 소매
- 완성

작품별 과정 한눈에 살펴보기

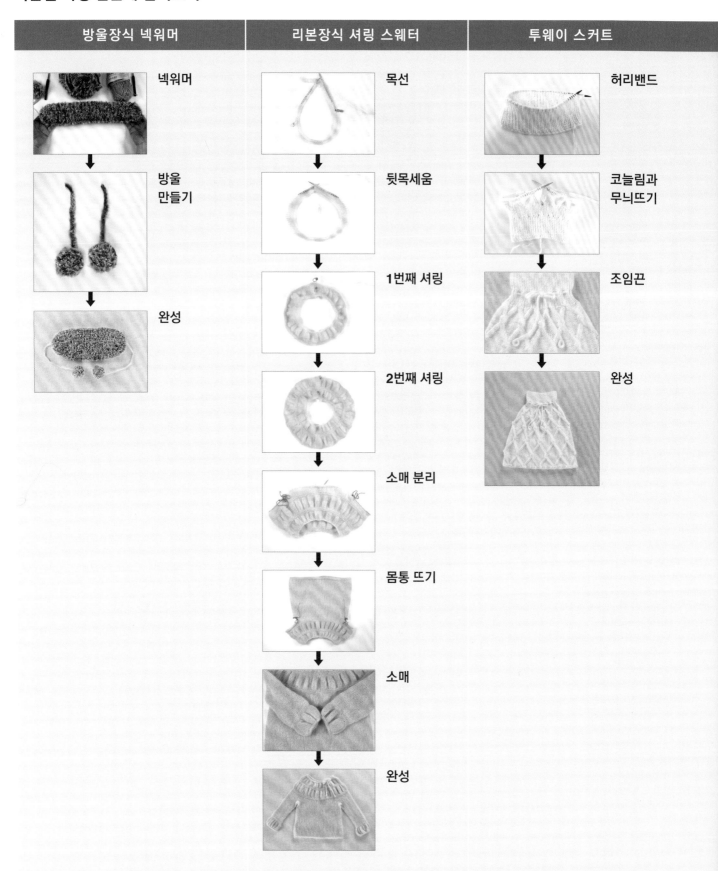

방울장식 넥워머

넥워머

방울 만들기

완성

리본장식 셔링 스웨터

목선

뒷목세움

1번째 셔링

2번째 셔링

소매 분리

몸통 뜨기

소매

완성

투웨이 스커트

허리밴드

코늘림과 무늬뜨기

조임끈

완성

레그워머	컨티규어스 오픈 베스트

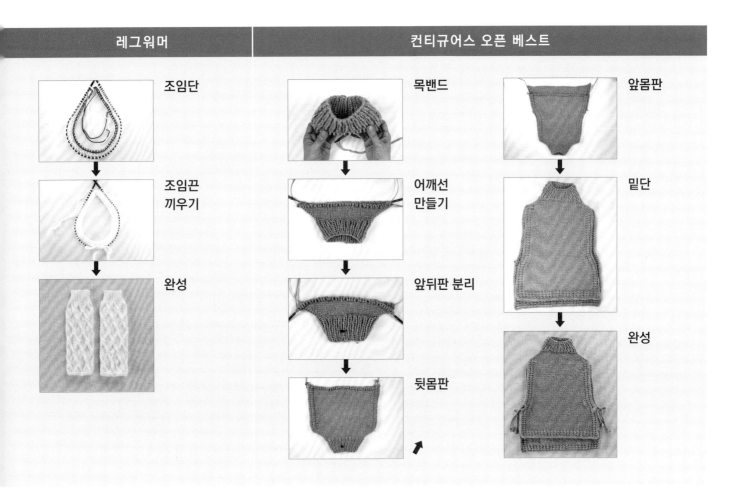

레그워머

조임단

조임끈
끼우기

완성

컨티규어스 오픈 베스트

목밴드

어깨선
만들기

앞뒤판 분리

뒷몸판

앞몸판

밑단

완성

저자 동영상 강의를 보는 방법

● **QR 코드로 보는 방법_** 핸드폰 어플에서 QR코드 리더기를 다운 받아서 각 STEP의 코드를
스캔하면 해당 동영상을 볼 수 있습니다.

● **YouTube로 보는 방법_** 〈한미란의 니트 교실_ 거꾸로 뜨는 톱다운 아이옷〉으로 검색한 후,
원하는 STEP을 찾으면 해당 동영상을 볼 수 있습니다.

01

숄칼라
더블 브레스트
가디건

숄칼라 더블 브레스트 가디건

「숄칼라 더블 브레스트 가디건」은 뒷칼라에서 시작하여 칼라와 몸판, 소매를 동시에 떠가는 세트인슬리브(set in sleeve) 가디건이다. 뜨는 방법이 조금 복잡하지만 활용하기 좋은 기법이 가장 많은 작품이다.

뜨는 순서는 뒷칼라 → 뒤판어깨 → 앞판어깨 → 소매코줍기 → 진동늘리기 → 소매와 몸판 분리 → 몸판 → 소매이다.

다음 기법에 주의하면서 뜬다.

양방향 코잡기
MAGIC CAST ON

양쪽방향으로 조직을 뜰 수 있게 코를 잡는 방법이다. 코 잡은 자리가 표시나지 않고 신축성이 살아있어 톱다운 니트를 뜰 때 다양하게 활용하는 기법이다. 단, 고무단 조직으로 뜰 경우에는 한쪽 모양이 단정하지 않으므로 돗바늘을 이용하여 연결 부위를 깨끗하게 정리한다.

코코니트 방법
COCOKNIT MEHTHOD

뒤판어깨를 뜨는 방법이다. 어깨경사를 뒤판에 몰아주고 앞판에는 경사를 주지 않는다. 앞판이 뒤쪽으로 넘어가면서 자연스러운 어깨경사각을 이룬다. 칼라, 앞판, 뒤판의 조직이 이어질 때 시접코를 없애는 것에 주의한다.

랩 앤 턴
WRAP & TURN

되돌아뜨기의 한 종류이다. 숄칼라의 고무뜨기 조직을 되돌아뜨기 할 때 사용하면 겉면과 안쪽면 모두 단정하게 나온다. 숄칼라가 어깨에 편하게 놓이려면 옆목부분에서 되돌아뜨기를 해서 숄칼라 외각선을 늘려주어야 칼라모양이 자연스러워진다.

바늘 분리해서 뜨기

칼라부분은 고무단 조직이기에 가로로 수축하고 세로로 늘어난다. 몸판과 같은 굵기의 바늘을 사용하면 앞단이 늘어지므로 칼라는 4.5㎜, 몸판은 5㎜ 바늘로 뜬다.

고무단 걸러뜨기

몸판과 소매밑단의 고무단 마지막 2단을 걸러뜨고 돗바늘로 코막음한다. 이렇게 하면 고무단이 통통해져서 밑단이 늘어나도 모양이 단정하고 원상회복이 잘된다.

사용실 **BROWN**	• ZARA PLUS(FILATURA DI CROSA), 100% LANA EXTRA FINE MERINO SUPERWASH • 메인컬러_ #1655 머드브라운, 50g(70m) 6볼 • 배색컬러_ #449 다크브라운, 50g(70m) 1볼

사용실 **GREY**	• ZARA PLUS(FILATURA DI CROSA), 100% LANA EXTRA FINE MERINO SUPERWASH • 메인컬러_ #1965 멜란지그레이, 50g(70m) 6볼 • 배색컬러_ #30 블랙, 50g(70m) 1볼

필요 도구	• 4.5mm 줄바늘 2개(40cm, 60cm) • 5mm 줄바늘 2개(40cm, 80cm) • 돗바늘, 얇은 돗바늘	• 스티치 마커 • 나무단추(20mm) 6개

게이지	• ZARA PLUS 5mm 메리야스뜨기 10㎠ = 18코 25단

나이	• 2~3세

완성 치수	• 가슴둘레 64cm • 어깨넓이 27cm	• 총기장 38.5cm • 소매기장 33.8cm

HOW TO
KNIT

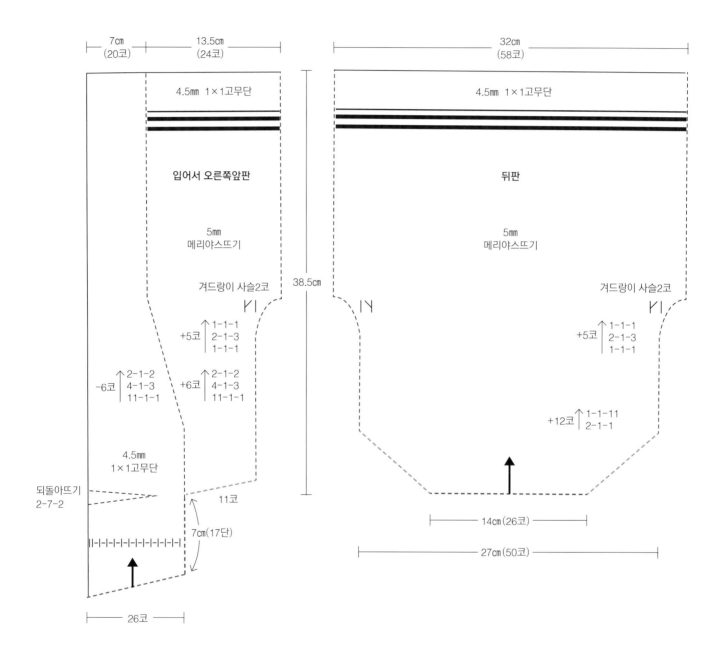

7cm
(20코)

13.5cm
(24코)

32cm
(58코)

4.5mm 1×1고무단

4.5mm 1×1고무단

입어서 오른쪽앞판

뒤판

5mm
메리야스뜨기

5mm
메리야스뜨기

38.5cm

겨드랑이 사슬2코

겨드랑이 사슬2코

+5코 ↑1-1-1
      2-1-3
      1-1-1

+5코 ↑1-1-1
      2-1-3
      1-1-1

-6코 ↑2-1-2
      4-1-3
      11-1-1

+6코 ↑2-1-2
      4-1-3
      11-1-1

+12코 ↑1-1-11
       2-1-1

4.5mm
1×1고무단

되돌아뜨기
2-7-2

11코

7cm(17단)

14cm(26코)

27cm(50코)

26코

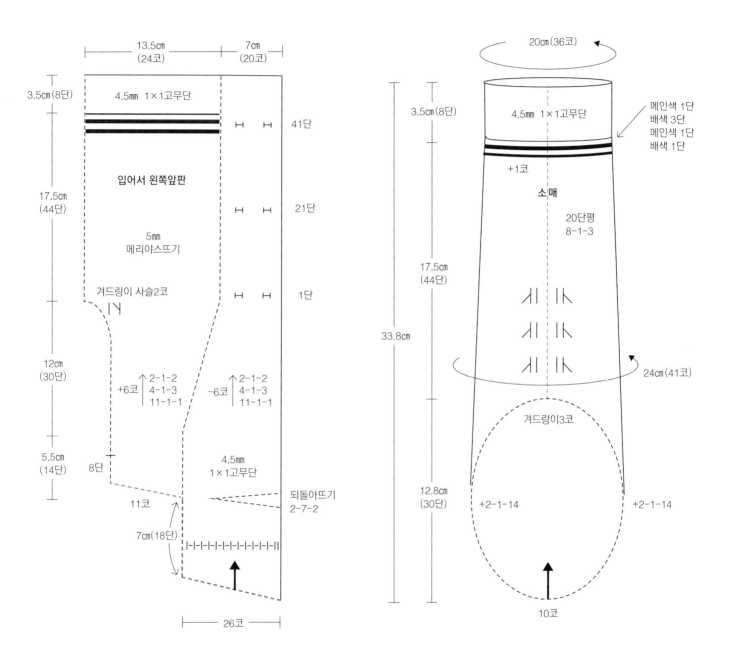

13.5cm (24코)　7cm (20코)

3.5cm (8단)

4.5mm 1×1고무단

41단

입어서 왼쪽앞판

17.5cm (44단)

5mm
메리야스뜨기

21단

겨드랑이 사슬2코

1단

12cm (30단)

↑ 2-1-2
4-1-3
11-1-1

+6코

-6코

↑ 2-1-2
4-1-3
11-1-1

5.5cm (14단)

8단

4.5mm
1×1고무단

되돌아뜨기
2-7-2

11코

7cm (18단)

26코

20cm (36코)

3.5cm (8단)

4.5mm 1×1고무단

메인색 1단
배색 3단
메인색 1단
배색 1단

+1코

소매

20단평
8-1-3

17.5cm (44단)

33.8cm

24cm (41코)

겨드랑이3코

12.8cm (30단)

+2-1-14

+2-1-14

10코

STEP 1

뒷칼라

1   4.5㎜ 대바늘 2개로 양방향 코잡기 27코를 잡는다.

양방향 코잡기
MAGIC CAST ON

① 바늘 2개를 나란히 잡고, 바늘 사이에 실을 끼운다.

② 위쪽 바늘에 엄지쪽 실을 아래에서 위로 걸어준다.

③ 아래쪽 바늘에 검지쪽 실을 아래에서 위로 걸어준다.

④ ②, ③을 반복하여 위아래 각각 27코가 될 때까지 반복한다.

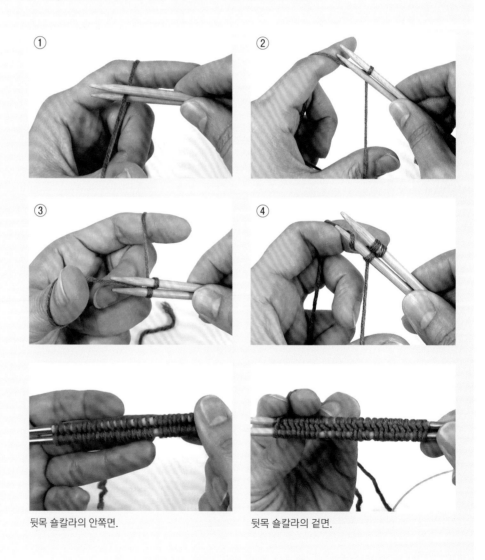

뒷목 숄칼라의 안쪽면.

뒷목 숄칼라의 겉면.

2 안쪽면을 보고, 아래쪽 바늘을 빼서 안2, [겉1, 안1]×12회, 안1을 뜬다. 겉면에 마커로 1단을 표시한다.

3 바늘에 걸린 모양대로 17단까지 뜬다. 실을 끊지 않고 그대로 둔다.

4 실을 약 50㎝ 남기고, 반대쪽 칼라에 새 실을 연결하여 겉면을 보면서 겉2, [안1, 겉1]×12회, 겉1을 뜬다.

5 바늘에 걸린 모양대로 18단까지 뜬다. 실을 15㎝ 남기고 자른다.

숄칼라의 겉면을 보면서 반대편 칼라에 새 실을 연결한다.

양쪽 숄칼라가 떠진 상태. 칼라의 겉면.

STEP 2

뒤판어깨

* kfb(knit front and back of same stitch)
겉뜨기를 하면서 코를 빼지 않고 뒤쪽 고리에 한 번 더 겉뜨기.

* pfb(purl front and back of same stitch)
안뜨기를 하면서 코를 빼지 않고 뒤쪽 고리에 한 번 더 안뜨기.

1단 : 칼라의 겉면을 보고, 코잡기 시작한 실이 있는 쪽에서 5㎜ 대바늘로 26코를 줍는다.

2단 : 안26.

3단 : 겉2, kfb, 4코 남을 때까지 겉뜨기, kfb, 겉3.

4단 : 안2, pfb, 4코 남을 때까지 안뜨기, pfb, 안3.

3, 4단을 5회 더 반복하여 14단까지 뜬다. (전체=26코+24코=50코)
실을 15㎝ 남기고 자른다.

칼라의 겉면에서 26콜르 줍는다.

뒤판어깨 완성.

뒷칼라 중심선
정리하기

양방향 코잡기로 고무단 조직을 뜨면 첫째단 모양이 단정하지 않다.

돗바늘을 이용하여 단정하게 정리한다.

1 목선쪽에 연결된 50㎝의 실에 돗바늘을 꿰어 아래쪽 겉뜨기 중심으로 뺀다.

2 바늘을 위쪽 겉뜨기코에 가로로 끼운다.

3 바늘을 아래쪽 겉뜨기 반코와 다음 반코에 가로로 끼운다. 2, 3번을 반복한다.

4 뒷칼라 중심선이 정리되어 단정해진다.

STEP 3
입어서
오른쪽앞판 어깨

뒤판어깨에서 코를 주워 앞판을 뜬다. 이때 칼라의 외각선 길이가 길어지도록 되돌아뜨기를 하면 칼라가 자연스럽게 몸판에 놓인다. 칼라는 4.5㎜ 줄바늘, 몸판은 5㎜ 줄바늘로 뜬다.

1단(겉면):

① 5㎜ 줄바늘로 입어서 오른쪽뒤판 어깨에서 12코를 줍는다.

② 4.5㎜ 줄바늘로 고무단으로 떠진 칼라의 첫 2코를 왼코겹치기한다. (시접코 없애기)

③ [안1, 겉1]×12회, 겉1. (전체=38코)

입어서 오른쪽뒤판 어깨에서 12코를 줍는다.

칼라의 처음 2코를 왼코겹치기를 하여 시접코를 없앤다.

2단(안쪽면/칼라 되돌아뜨기):

① 안2, [겉1, 안1]×2회, 겉1, 실을 안뜨기방향으로 놓고, 다음코를 오른쪽바늘로 옮긴다. 뜨던 실로 옮긴 코를 둘러준 후 다시 왼쪽바늘로 옮긴다. 조직을 돌려 잡는다. (Wrap & Turn)

② [안1, 겉1]×3회, 겉1.

③ 안2, [겉1, 안1]×2회, 겉1, 코에 둘러진 실과 함께 안1, [겉1, 안1]×3회, 실을 겉뜨기방향으로 놓고, 다음 코를 오른쪽바늘로 옮긴다. 뜨던 실로 옮긴 코를 둘러준 후 다시 왼쪽바늘로 옮긴다. 조직을 돌려 잡는다. (Wrap & Turn)

④ [겉1, 안1]×6회, 겉2.

⑤ 안2, [겉1, 안1]×6회, 코에 둘러진 실과 함께 겉1, [안1, 겉1]×5회, 안1, 5㎜ 줄바늘로 안12를 뜬다.

3단: 겉12, 4.5㎜ 줄바늘로 [겉1, 안1]×12회, 겉2.

4단: 안2, [겉1, 안1]×12회, 5㎜ 줄바늘로 안12.

3, 4단을 5회 더 반복하여 14단까지 뜬다. (전체=38코)

실을 15㎝ 남기고 자른다.

WRAP & TURN 이란?

되돌아뜨기(Short Row)를 하는 여러 방법 중 하나이다. 일반적으로 마커를 끼워서 되돌아뜬 위치를 쉽게 구분할 수 있는 일본식 되돌아뜨기(Japanese Short Row)를 주로 사용한다. 그러나 숄칼라처럼 앞뒤 모두에 되돌아뜬 흔적이 남지 않아야 하고, 사용한 조직이 고무단인 경우에는 Wrap & Turn의 방식이 좋다. 작품을 뜨면서 방법을 익혀보자.

STEP 4
입어서
왼쪽앞판 어깨

「입어서 오른쪽앞판 어깨」와 같은 방법으로 뜬다. 칼라쪽을 먼저 뜨므로 되돌아뜨기를 먼저하고 뒤판에서 코를 줍는다.

1단(겉면/칼라 되돌아뜨기):

① 입어서 왼쪽칼라에 연결된 실로 겉2, [안1, 겉1]×2회, 안1, 실을 겉뜨기방향으로 놓고, 다음 코를 오른쪽바늘로 옮긴다. 뜨던 실로 옮긴 코를 둘러준 후 다시 왼쪽바늘로 옮긴다. 조직을 돌려 잡는다. (Wrap & Turn)

② [겉1, 안1]×2회, 겉1, 안2.

③ 겉2, [안1, 겉1]×2회, 안1, 코에 둘러진 실과 함께 겉1, [안1, 겉1]×3회, 실을 안뜨기방향으로 놓고, 다음 코를 오른쪽바늘로 옮긴다. 뜨던 실로 옮긴 코를 둘러준 후 다시 왼쪽바늘로 옮긴다. 조직을 돌려 잡는다. (Wrap & Turn)

④ [안1, 겉1]×6회, 안2.

⑤ 겉2, [안1, 겉1]×6회, 코에 둘러진 실과 함께 안1, [겉1, 안1]×5회, 오른코겹치기(시접코없애기), 입어서 왼쪽뒤판 어깨에서 12코를 줍는다.

칼라의 마지막 2코를 오른코겹치기로 시접코를 없앤다.

입어서 왼쪽앞판 어깨의 코를 모두 주운 상태.

2단(안쪽면) : 5㎜ 줄바늘로 안12, 4.5㎜ 줄바늘로 [안1, 겉1]×12회, 안2.

3단 : 겉2, [안1, 겉1]×12회, 5㎜ 줄바늘로 겉12.

4단 : 안12, 4.5㎜ 줄바늘로 [안1, 겉1]×12회, 안2.

3, 4단을 5회 더 반복하여 14단까지 뜬다. (전체=38코)

칼라 되돌아뜨기가 끝난 상태.

STEP 5
소매산 만들기

앞판어깨의 측면에서 소매가 될 코를 줍고, 가운데부분을 되돌아떠서 소매산 모양을 둥글게 만든다. 이후부터 앞뒤의 몸판콧수는 변동 없고, 소매부분만 2단에 1번씩 코늘림을 한다.

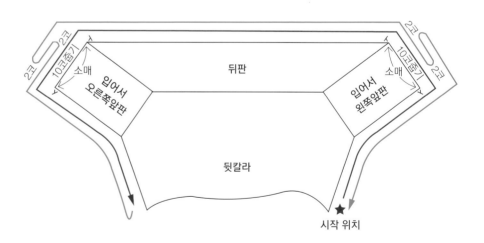

➡ 1단(겉면) : 시접코를 없애면서 소매코를 줍는다.

➡ 2단(안쪽면) : 안뜨기로 뜨면서 소매 10코 위치에서 되돌아뜨기로 소매산을 둥글게 만든다.

1단(겉면 / 소매코줍기) :

① 겉2, [안1, 겉1]×12회, 5㎜ 줄바늘로 겉10, 오른코겹치기(시접코없애기).

② 앞어깨의 측면에서 10코를 줍는다.

③ 왼코겹치기(시접코없애기), 겉46, 오른코겹치기(시접코없애기).

④ 앞어깨의 측면에서 10코를 줍는다.

⑤ 왼코겹치기(시접코없애기), 겉10, 4.5㎜ 줄바늘로 [겉1, 안1]×12회, 겉2. (전체=142코)

오른코겹치기로
입어서 왼쪽앞판의 시접코를 없앤다.

왼코겹치기로
입어서 왼쪽뒤판의 시접코를 없앤다.

앞뒤판에 시접코가 없어지고,
왼쪽소매 10코를 주운 상태.

오른코겹치기로
입어서 오른쪽뒤판의 시접코를 없앤다.

왼코겹치기로
입어서 오른쪽앞판의 시접코를 없앤다.

앞뒤판에 시접코가 없어지고,
오른쪽소매 10코를 주운 상태.

좌우 몸판의 시접코를 없애고 소매코줍기가 끝난 상태.

2단(안쪽면 / 소매산 되돌아뜨기) :

① 안2, [겉1, 안1]×12회, 5㎜ 줄바늘로 안19, 조직을 돌려 잡는다.

② 1코를 안뜨기방향으로 빼고, 뜨던 실에 마커를 걸어준 후 겉5, 조직을 돌려 잡는다.

③ 1코를 안뜨기방향으로 빼고, 뜨던 실에 마커를 걸어준 후 안5, 다음 코와 마커에 걸린 실을 함께 안뜨기, 39코 남을 때까지 안뜨기, 조직을 돌려 잡는다.

④ 1코를 안뜨기방향으로 빼고, 뜨던 실에 마커를 걸어준 후 겉5, 조직을 돌려 잡는다.

⑤ 1코를 안뜨기방향으로 빼고, 뜨던 실에 마커를 걸어준 후 안5, 다음 코와 마커에 걸린 실을 함께 안뜨기, 안뜨기12, [안1, 겉1]×12회, 안2를 뜬다.

다음에 나오는 사진(26p.)처럼 소매와 연결되는 앞뒤 몸판의 끝코를 마커로 표시한다(마커 M¹~M⁴). 또 단수를 확인하기 위해 소매코 주운 단을 색이 다른 마커(M⁵)로 표시한다.

도안이 복잡해지는 것을 방지하기 위해, 숄칼라 고무뜨기 26코를 「숄칼라」, 이후부터 마커 M¹까지를 「입어서 왼쪽앞판」, 마커 M³과 M⁴ 사이를 「뒤판」, 마커 M⁴에서 숄칼라 고무뜨기 전까지를 「입어서 오른쪽앞판」이라고 간략하게 부르겠다.

홀수단은 「겉면」, 짝수단은 「안쪽면」이다.

숄칼라는 4.5㎜ 줄바늘, 몸판은 5㎜ 줄바늘을 사용한다.

* m1l(make 1 left leaning stitch)
코와 코 사이에 걸친 실을 걸어 올려 꼬아서 뜬
다. 코의 루프가 왼쪽으로 기울어진다.
* m1r(make 1 right leaning stitch)
코와 코 사이에 걸친 실을 걸어 올려 꼬아서 뜬
다. 코의 루프가 오른쪽으로 기울어진다.

3단 : 왼쪽숄칼라, 앞판, m1l, 겉8, 다음 코와 마커에 걸린 실을 함께 겉뜨기,
겉1, m1r, 뒤판, m1l, 겉8, 다음 코와 마커에 걸린 실을 함께 겉뜨기, 겉1, m1r,
오른쪽앞판, 숄칼라. (총콧수=146코)

4단 : 바늘에 걸린 코대로 뜬다.

5단 : 왼쪽숄칼라(26코), 앞판(11코), m1l, 겉12, m1r, 뒤판(48코), m1l, 겉12,
m1r, 오른쪽앞판(11코), 숄칼라(26코). (전체=150코)

6단 : 바늘에 걸린 코대로 뜬다.

7단 : 왼쪽숄칼라, 앞판, m1l, 겉14, m1r, 뒤판, m1l, 겉14, m1r, 오른쪽앞판,
숄칼라. (총콧수=154코)

8단 : 바늘에 걸린 코대로 뜬다.

9단 : 왼쪽숄칼라, 앞판, m1l, 겉16, m1r, 뒤판, m1l, 겉16, m1r, 오른쪽앞판,
숄칼라. (전체=158코)

10단 : 바늘에 걸린 코대로 뜬다.

이후 소매의 좌우에서 m1l과 m1r로 코늘림한 것은 간략하게 「소매코늘림」으로
표기한다.

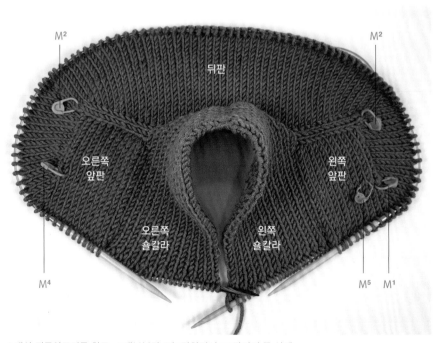

소매산 되돌아뜨기를 하고, 소매부분만 코늘림하면서 10단까지 뜬 상태.

STEP 6
숄칼라

* **빨간색** 단은 「숄칼라 코줄임」이 있는 단이다.

소매쪽 코는 계속해서 2단에 1번씩 겉면에서 늘려주고, 동시에 숄칼라모양을 만들기 위해 숄칼라쪽 코는 줄이며, 숄칼라와 인접한 앞판쪽 코는 늘린다.

11단:

① 숄칼라에서 4코 남는 곳까지 바늘에 걸린 대로 뜨고, 왼코겹치기, 안1, 겉1 를 뜬다.

② 5mm 줄바늘로 앞판의 첫코에서 왼코늘리기, 앞판 끝까지 겉뜨기를 한다.

③ 소매코늘림, 뒤판, 소매코늘림, 앞판 1코 남을 때까지 겉뜨기, 오른코늘리기.

④ 4.5mm 줄바늘로 겉1, 안1, 오른코겹치기, 단의 끝까지 바늘에 걸린 대로 뜬다. (전체=162코)

12단: 바늘에 걸린 코대로 뜬다. 단, 바로 전단에서 오른코겹치기로 뜬 코만 꼬아뜨기로 뜬다. (28p. 단정한 오른코겹치기 참고)

13단: 왼쪽숄칼라, 앞판, 소매코늘림, 뒤판, 소매코늘림, 오른쪽앞판, 숄칼라. (전체=166코)

14단: 바늘에 걸린 코대로 뜬다.

11, 12, 13, 14단을 2번 더 반복하여 22단까지 뜬다. (전체=182코)

숄칼라 코줄임을 하면서 22단까지 떠진 상태.

단정한 오른코겹치기로 좌우 코줄임모양이 비슷하여 코줄임선이 깔끔해 보인다.

단정한 오른코겹치기

오른코겹치기로 코를 줄였을 때는 왼코겹치기로 코를 줄였을 때보다 줄임선이 삐뚤빼뚤해져 단정하지 못하다. 이때 오른코겹치기로 뜬 코를 다음 단에서 꼬아뜨기로 뜨면 줄임선이 좀 더 단정해진다.

왼코겹치기.

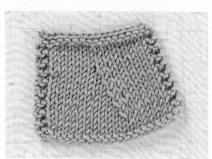

오른코겹치기.

오른코겹치기한 후 다음 단에서 꼬아뜨기한 것.

STEP 7
진동늘림

숄칼라와 진동늘림을 동시에 진행한다.

23단 :

① 숄칼라 고무단뜨기의 4코 남는 곳까지 바늘에 걸린 대로 뜬다. 왼코겹치기, 안1, 겉1.

② 5㎜ 줄바늘로 앞판 첫코에서 왼코늘리기, 앞판 2코 남는 곳까지 겉뜨기, 왼코늘리기, 겉1.

③ 소매코늘림.

④ 겉1, 오른코늘리기, 뒤판 2코 남는 곳까지 겉뜨기, 왼코늘리기, 겉1.

⑤ 소매코늘림.

⑥ 겉1, 오른코늘리기, 앞판 1코 남는 곳까지 겉뜨기, 오른코늘리기.

⑦ 겉1, 안1, 오른코겹치기, 단의 끝까지 바늘에 걸린 대로 뜬다. (전체=190코)

24단 : 바늘에 걸린 코대로 뜬다. (전단에서 오른코겹치기한 코만 꼬아뜨기한다.)

25단 :

① 왼쪽숄칼라, 앞판 2코 남는 곳까지 겉뜨기, 왼코늘리기, 겉1.

② 소매코늘림.

③ 겉1, 오른코늘리기, 뒤판 2코 남는 곳까지 겉뜨기, 왼코늘리기, 겉1.

④ 소매코늘림.

⑤ 겉1, 오른코늘리기, 앞판 끝까지 겉뜨기.

⑥ 단의 끝까지 바늘에 걸린 대로 뜬다. (전체=198코)

26단 : 바늘에 걸린 코대로 뜬다.

27단 :

① 숄칼라 고무단뜨기의 4코 남는 곳까지 바늘에 걸린 대로 뜬다. 왼코겹치기, 안1, 겉1.

② 앞판 첫코에서 왼코늘리기, 앞판 2코 남는 곳까지 겉뜨기, 왼코늘리기, 겉1.

③ 소매코늘림.

④ 겉1, 오른코늘리기, 뒤판 2코 남는 곳까지 겉뜨기, 왼코늘리기, 겉1.

⑤ 소매코늘림.

⑥ 겉1, 오른코늘리기, 앞판 1코 남는 곳까지 겉뜨기, 오른코늘리기.

⑦ 겉1, 안1, 오른코겹치기, 단의 끝까지 바늘에 걸린 대로 뜬다. (전체=206코)

28단 : 바늘에 걸린 코대로 뜬다.

29단 :

① 숄칼라 고무단뜨기의 4코 남는 곳까지 바늘에 걸린 대로 뜬다. 왼코겹치기,
안1, 겉1.

② 앞판 첫코에서 왼코늘리기, 앞판 2코 남는 곳까지 겉뜨기, 왼코늘리기, 겉1.

③ 소매코늘림.

④ 겉1, 오른코늘리기, 뒤판 2코 남는 곳까지 겉뜨기, 왼코늘리기, 겉1.

⑤ 소매코늘림.

⑥ 겉1, 오른코늘리기, 앞판 1코 남는 곳까지 겉뜨기, 오른코늘리기.

⑦ 겉1, 안1, 오른코겹치기, 단의 끝까지 바늘에 걸린 대로 뜬다. (전체=214코)

30단 :

① 오른쪽숄칼라, 앞판 2코 남는 곳까지 안뜨기, 안뜨기—왼코늘리기, 안1.

② 소매.

③ 안1, 안뜨기—오른코늘리기, 뒤판 2코 남는 곳까지 안뜨기, 안뜨기—왼코늘리기, 안1.

④ 소매.

⑤ 안1, 안뜨기—오른코늘리기, 단의 끝까지 바늘에 걸린 대로 뜬다. (전체
=218코)

진동늘림이 다 끝난 상태.

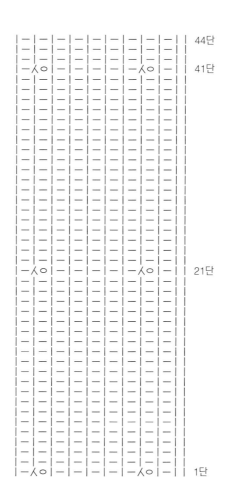

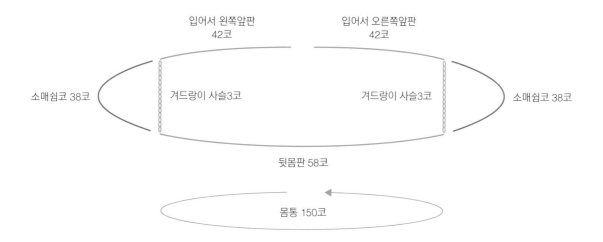

STEP 8

소매 분리와 단춧구멍

단춧구멍을 만들면서 몸판과 소매를 분리한다.

1단(소매 분리와 단춧구멍):

① 겉2, 안1, 겉1, 바늘비우기, 왼코겹치기, [안1, 겉1]×5회, 바늘비우기, 왼코겹치기, 안1, 겉1, 5㎜ 줄바늘로 앞판 끝까지 겉뜨기, 단춧구멍 만든 단을 마커로 표시한다.

② 소매에 해당하는 38코를 버림실에 옮겨 쉼코로 둔다.

③ 별도의 버림실과 6호 코바늘로 사슬4코를 만든다.

④ 사슬코에서 4코를 줍는다.

⑤ 뒤판 58코를 뜬다.

⑥ ②, ③, ④를 반복한다.

⑦ 앞판과 앞단을 뜬다.

⑧ 몸판의 총콧수는 [앞단과 앞판 42코]+겨드랑이 4코+뒤판 58코+겨드랑이 4코+[앞판과 앞단 42코]=150코이다.

소매와 몸판이 분리된 상태.

2~20단: 바늘에 걸린 대로 소매 분리단부터 시작하여 20단이 될 때까지 뜬다.

21단(단춧구멍):

① 겉2, 안1, 겉1, 바늘비우기, 왼코겹치기, [안1, 겉1]×5회, 바늘비우기, 왼코겹치기, 안1, 겉1.

② 바늘에 걸린 대로 단의 끝까지 뜬다.

③ 단춧구멍을 만든 단을 마커로 표시한다.

22~36단: 바늘에 걸린 대로 36단이 될 때까지 뜬다.

STEP 9
배색무늬

앞단부분은 계속해서 메인실로 뜨고, 몸판부분은 배색무늬 2단, 메인색 2단, 배색무늬 2단, 메인색 2단을 뜬다. 실이 바뀌는 부분에서는 뜨던 실과 뜰 실을 서로 교차하여 조직에 구멍이 생기지 않게 한다.

37, 38단(배색무늬실):

① 뜨던 실로 앞단을 뜬 후 배색무늬실을 연결하여 앞뒤 몸판을 뜬다.

② 새로운 작품실을 연결하여 반대쪽 앞단을 뜬다.

39, 40단(메인실): 왼쪽 앞단에 달린 메인실로 전체 2단을 뜬다.

41단(단춧구멍/배색무늬실):

① 겉2, 안1, 겉1, 바늘비우기, 왼코겹치기, [안1, 겉1]×5회, 바늘비우기, 왼코겹치기, 안1, 겉1.

② 배색무늬실로 바꾸어 앞뒤 몸판을 뜬다.

③ 메인실로 바꾸어 앞단을 뜬다.

42단(배색실):

① 앞단을 뜬다.

② 배색무늬실로 바꾸어 앞뒤 몸판을 뜬다.

③ 메인실로 바꾸어 앞단을 뜬다.

43, 44단(메인실): 바늘에 걸린 대로 뜬다.

STEP 10
밑단

밑단의 신축성을 위해서 마지막 2단은 안뜨기만 걸러뜨기로 뜬다.

1~8단: 4.5㎜ 줄바늘로 바꾸어 앞단을 유지하면서 고무단으로 8단을 뜬다. 전체 콧수가 홀수여야 하므로 몸판 중간에서 1코를 늘려준다. (전체=151코)

9단: 겉2, [안뜨기—걸러뜨기, 겉1]×73회, 안뜨기—걸러뜨기, 겉2.

안뜨기—걸러뜨기를 할 때는 실을 안뜨기방향으로 놓고 걸러뜬다.

10단: 안1, [안뜨기—걸러뜨기, 겉1]×74회, 안뜨기—걸러뜨기, 안1.

밑단 폭의 2.5배의 실을 남기고 자른다.

자른 실을 돗바늘에 꿰어 돗바늘 고무단 코막음(tubular bind off)을 한다.

첫코를 겉뜨기방향으로,
2번째 코를 안뜨기방향으로 뺀다.

실이 나온 자리에 돗바늘을 끼운다.

다음 코를 겉뜨기방향으로 뺀다.

실이 나온 자리에 돗바늘을 끼우고
다음 코를 안뜨기방향으로 뺀다.

몸판 완성. 마지막 2단을 걸러뜨기해서 고무단 끝이 통통하고 단정하며 탄성회복률이 좋다.

STEP 11

소 매

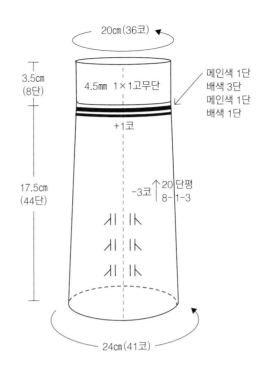

준비단:

① 5㎜ 줄바늘(40㎝)로 버림실에 옮겨놓았던 소매 38코를 바늘에 옮긴다.

② 버림실로 뜬 몸판 겨드랑이 4코의 사슬을 풀어 바늘에 옮긴다. 떠가는 방향이 반대이기 때문에 양쪽 가장자리에 반코가 생겨 바늘에 걸리는 콧수는 5코가 된다.

③ 겨드랑이콧수 중 3코를 왼쪽바늘에 옮긴다.

1단: 겨드랑이 중심에서 새 실을 연결하여 겉2, 왼코겹치기, 겉36, 오른코겹치기, 겉1. (전체=41코)

소매 시작 위치에 버림실을 끼워 소매배래 위치를 표시한다.

2~7단: 겉41.

8단: 겉1, 오른코겹치기, 3코 남을 때까지 겉뜨기, 왼코겹치기, 겉1. (전체=39코)

오른코겹치기한 코에 마커를 걸어 코줄임단을 표시한다.
다음 단을 뜰 때 오른코겹치기로 뜬 코는 꼬아서 뜬다.

9~15단 : 겉39.

16단 : 겉1, 오른코겹치기, 3코 남을 때까지 겉뜨기, 왼코겹치기, 겉1. (전체=37코)

17~23단 : 겉37.

24단 : 겉1, 오른코겹치기, 3코 남을 때까지 겉뜨기, 왼코겹치기, 겉1. (전체=35코)

25~39단 : 겉35.

40단 : 배색무늬실로 겉35.

41단 : 메인실로 겉35.

42~44단 : 배색무늬실로 겉35.

45단 : 메인실로 겉35.

배색무늬실은 15㎝ 남기고 자른다.

STEP 12
소 매 고 무 단

1단 : 4.5㎜ 줄바늘(60㎝)로 1×1고무단을 뜨면서 중간에 1코 늘린다. (전체=36코)

2~8단 : [겉1, 안1]×18회.

9단 : [실을 뒤에 놓고 안뜨기방향으로 걸러뜨기, 안1]×18회.

10단 : [겉1, 실을 앞에 놓고 안뜨기방향으로 걸러뜨기]×18회.

실을 40㎝ 남기고 자른다.

자른 실을 돗바늘에 꿰어 돗바늘 고무단 코막음(Tubular Bind Off)을 한다.

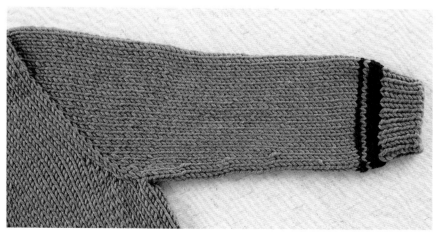

소매 완성. 걸러뜨기하여 고무단 끝부분이 통통하고 회복력이 높다.

STEP 13
마무리

1 메인실 한 가닥을 1/3로 분리하여 얇은 돗바늘에 꿰어 단춧구멍에 버튼홀 스티치를 한다.

2 단춧구멍 위치에 맞추어 단추(20㎜) 6개를 단다.

실을 꿴 돗바늘을 단춧구멍 안에서 밖으로 꽂는다.

돗바늘에 연결된 실을 시계 반대방향으로 돌려 바늘을 감싼다.

실이 엉키지 않게 천천히 잡아당긴다.

버튼호울스티치를 한 단춧구멍 완성과 단추를 모두 단 상태.

좁은 소매통을 뜰 때

소매통이 좁을 때는 40cm 줄바늘로 뜨는 것이 불편할 때가 있다. 이때는 장갑바늘(4개 1세트)을 사용하거나, 바늘은 짧고 와이어가 긴 것을 선택하여 매직루프 방식으로 뜬다. 그 밖에 아주 좁은 환편을 뜨기 위해 고안된 바늘도 있다.

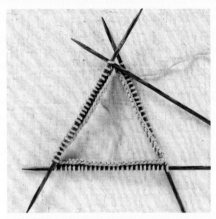

4개 1세트인 장갑바늘로 환편뜨기.

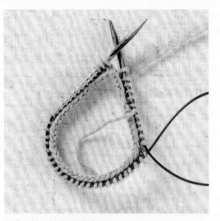

짧은 바늘과 긴 와이어로
매직루프 방식의 환편뜨기.

아디(ADDI) 3세트 쇼트팁.
매우 짧은 3개의 바늘로 구성.

킨키아미바리(Kinki Amibari)의 언발란스 쇼트팁.
짧은 와이어에 좌우 길이가 다른 바늘이 달려 있다.

완성 작품 〈앞〉

완성 작품 〈뒤〉

02

프릴장식
원피스

프릴장식 원피스

어깨와 밑단에 프릴장식이 들어간 원피스이다. 프릴은 귀여운 느낌을 주지만 콧수가 많으면 무거워진다. 전체는 단색과 멀티컬러의 실을 합사하여 사용하고, 프릴부분만 단색 1겹을 사용하여 풍성하지만 무겁지 않은 원피스로 디자인하였다. 어깨프릴은 되돌아뜨기를 이용하여 양끝이 날렵한 둥근 모양으로 만들어 귀여운 느낌을 살렸다. 또한, 래글런 스타일에 뒷목세움을 하여 자연스러운 라운드 네크라인으로 만들었다.

**사용실
PURPLE**

- 멀티컬러_ BEACHES(Kincole), 70% Premium Acrylic, 30% Polyamide #4275 비치스 앤 크림, 100g(255m) 1볼
- 단색_ Drifter(Kingcole), 69% Premium Acrylic, 25% Cotton, 6% Wool #4387 라일락, 100g(300m) 2볼

**사용실
GREEN**

- 멀티컬러_ BEACHES(Kincole), 70% Premium Acrylic, 30% Polyamide #4276 와이키키 비치, 100g(255m) 1볼
- 단색_ Drifter(Kingcole), 69% Premium Acrylic, 25% Cotton, 6% Wool #4386 린덴, 100g(300m) 2볼

필요 도구	• 4mm 줄바늘 1개(80cm)
	• 5mm 줄바늘 1개(40cm)
	• 5.5mm 줄바늘 2개(40cm, 60cm)
	• 스티치 마커
	• 버림실 조금

| **게이지** | • 5.5mm Drifter 1겹 + BEACHES 1겹 메리야스뜨기 10㎠ = 16코 21단 |
| | • 4mm Drifter 1겹 메리야스뜨기 10㎠ = 22코 28단 |

| **나이** | • 2~3세 |

| **완성 치수** | • 가슴둘레 65cm |
| | • 총기장 41.5cm |

완성 작품 〈앞〉

완성 작품 〈뒤〉

HOW TO
KNIT

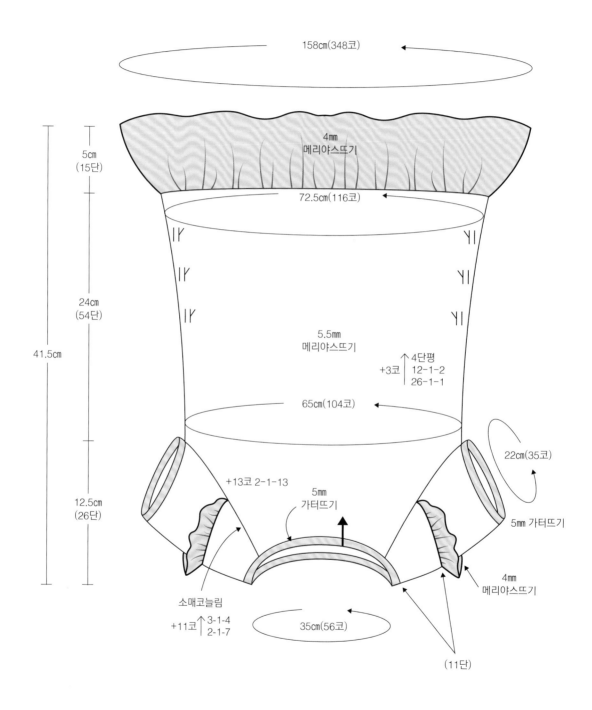

158cm(348코)

4mm
메리야스뜨기

72.5cm(116코)

5cm
(15단)

24cm
(54단)

41.5cm

5.5mm
메리야스뜨기

$\uparrow$4단평
+3코 ⎰12-1-2
⎱26-1-1

65cm(104코)

22cm(35코)

+13코 2-1-13

5mm
가터뜨기

5mm 가터뜨기

12.5cm
(26단)

4mm
메리야스뜨기

소매코늘림

+11코 $\uparrow$ 3-1-4
2-1-7

35cm(56코)

(11단)

STEP 1

목밴드

준비단: 단색 2겹과 4㎜ 줄바늘(40㎝)을 사용하여 일반코잡기 56코를 잡는다. 목선이 늘어나지 않도록 살짝 타이트하게 잡는다.

1단: 코 잡은 단이 꼬이지 않도록 주의하면서 환편뜨기로 전체 56코를 안뜨기로 뜬다. 단색 1겹은 15㎝ 남기고 자른다.

STEP 2

뒷목세움과
래글런선 코늘림

단색 1겹+멀티컬러 1겹과 5.5㎜ 줄바늘(40㎝)을 사용한다. 래글런선 코늘림을 하면서 되돌아뜨기로 뒷목을 세워준다. 되돌아뜨기는 마커를 끼우면서 뜨는 일본식 되돌아뜨기(Japanese Short Row)를 한다. 11단까지 래글런선 코늘림을 하고, 단색 1겹과 4㎜ 줄바늘로 프릴을 만든다. 프릴은 되돌아뜨기로 떠서 양 옆은 짧고, 중심부분은 긴 자연스러운 곡선 모양이 된다. 프릴을 어깨에 연결하고 남은 래글런 코늘림을 한다.

아래 그림처럼 소매와 몸판의 경계를 마커로 표시한다. 각각의 마커를 M^1, M^2, M^3, M^{4}라고 한다. 환편뜨기의 시작 위치 ★(BOR=Begin Of Round)는 뒷중심이다.

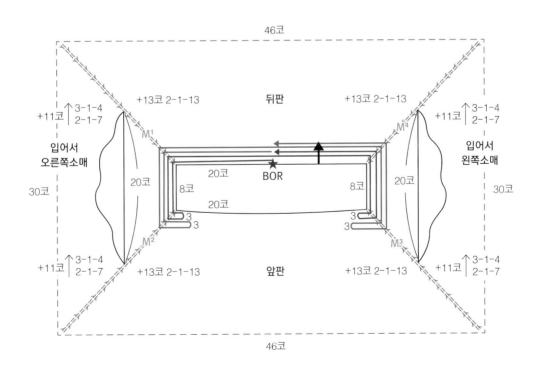

준비단 : 단색1겹+멀티컬러 1겹을 5.5㎜ 줄바늘(40㎝)로 겉뜨기 1단.

1단(겉면) : 겉9, 오른코늘리기, M¹, 왼코늘리기, 겉6, 오른코늘리기, M², 왼코늘리기, 겉2, 조직을 돌려 잡는다.

2단(안쪽면) : 1코를 안뜨기방향으로 빼고, 뜨던 실에 마커를 끼운다.

안3, M², 안10, M¹, 안11, 뒷중심, 안9, 안뜨기로 오른코늘리기, M⁴, 안뜨기로 왼코늘리기, 안6, 안뜨기로 오른코늘리기, M³, 안뜨기로 왼코늘리기, 안2, 조직을 돌려 잡는다.

3단(겉면) : 1코를 안뜨기방향으로 빼고, 뜨던 실에 마커를 끼운다.

겉3, M³, 겉10, M⁴, 겉11, 뒷중심, 겉10, 오른코늘리기, M¹, 왼코늘리기, 겉8, 오른코늘리기, M², 왼코늘리기, 겉3, 다음 코와 마커에 걸린 실을 함께 겉뜨기, 겉2, 조직을 돌려 잡는다.

4단(안쪽면) : 1코를 안뜨기방향으로 빼고, 뜨던 실에 마커를 끼운다.

안7, M², 안12, M¹, 안12, 뒷중심, 안10, 안뜨기로 오른코늘리기, M⁴, 안뜨기로 왼코늘리기, 안8, 안뜨기로 오른코늘기, M³, 안뜨기로 왼코늘리기, 안3, 다음 코와 마커에 걸린 실을 함께 안뜨기, 안2, 조직을 돌려 잡는다.

5단(겉면) : 1코를 안뜨기방향으로 빼고, 뜨던 실에 마커를 끼운다.

겉7, M³, 겉12, M⁴, 겉12, 뒷중심, 겉11, 오른코늘리기, M¹, 왼코늘리기, 겉10, 오른코늘리기, M², 왼코늘리기, 겉7, 다음 코와 마커에 걸린 실을 함께 겉뜨기, 겉6, 다음 코와 마커에 걸린 실을 함께 겉뜨기, 겉7, 오른코늘리기, M³, 왼코늘리기, 겉10, 오른코늘리기, M⁴, 왼코늘리기, 겉11. (전체=80코)

6단 : 겉80.

7단 : 겉12, 오른코늘리기, M¹, 왼코늘리기, 겉12, 오른코늘리기, M², 왼코늘리기, 겉24, 오른코늘리기, M³, 왼코늘리기, 겉12, 오른코늘리기, M⁴, 왼코늘리기, 겉12. (전체=88코)

8단 : 겉88.

9단 : 겉13, 오른코늘리기, M¹, 왼코늘리기, 겉14, 오른코늘리기, M², 왼코늘리기, 겉26, 오른코늘리기, M³, 왼코늘리기, 겉14, 오른코늘리기, M⁴, 왼코늘리기, 겉13. (전체=96코)

10단 : 겉96.

11단 : 겉14, 오른코늘리기, M¹, 왼코늘리기, 겉16, 오른코늘리기, M², 왼코늘리기, 겉28, 오른코늘리기, M³, 왼코늘리기, 겉16, 오른코늘리기, M⁴, 왼코늘리기, 겉14. (전체=104코)

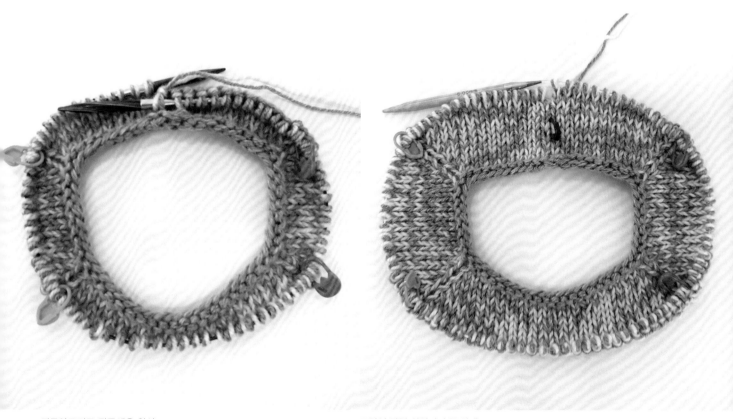

되돌아뜨기로 뒷목세움 완성.   프릴이 달릴 위치까지 뜬 상태.

STEP 3

소매프릴
연결하기

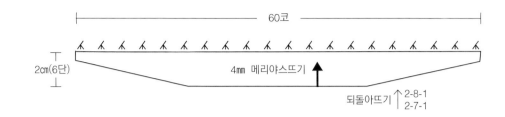

60코

2cm(6단)

4mm 메리야스뜨기

되돌아뜨기 ↑ 2-8-1
　　　　　　 2-7-1

프릴 뜨기

1단 : 단색 1겹을 4㎜ 줄바늘로 일반코잡기 60코를 잡는다.

2단(되돌아뜨기) :

① 안뜨기로 걸러뜨기1, 안52, 조직을 돌려 잡는다.

② 1코를 안뜨기방향으로 빼고, 뜨던 실에 마커를 끼운다. 겉45, 조직을 돌려 잡는다.

③ 1코를 안뜨기방향으로 빼고, 뜨던 실에 마커를 끼운다. 안37, 조직을 돌려 잡는다.

④ 1코를 안뜨기방향으로 빼고, 뜨던 실에 마커를 끼운다. 겉29, 조직을 돌려 잡는다.

⑤ 1코를 안뜨기방향으로 빼고, 뜨던 실에 마커를 끼운다. 안29, 다음 코와 마커에 걸린 실을 함께 안뜨기, 안7, 다음 코와 마커에 걸린 실을 함께 안뜨기, 안6.

⑥ 1코를 겉뜨기방향으로 빼고, 겉44, 다음 코와 마커에 걸린 실을 함께 겉뜨기, 겉7, 다음 코와 마커에 걸린 실을 함께 겉뜨기, 겉6.

3단 : [안뜨기3코 모아뜨기]×20회. (전체=20코)

실을 15㎝ 남기고 자른다.
같은 방법으로 프릴을
1개 더 만든다.

프릴 완성. 1장을 더 뜬다.

프릴 연결하기

12단: 겉16, 래글런소매의 겉과 프릴의 겉이 마주 닿도록 겹쳐 놓고 함께 겉뜨기20, 겉32, 래글런소매의 겉과 프릴의 겉이 마주 닿도록 겹쳐 놓고 함께 겉뜨기20, 겉16.

몸판의 겉과 프릴의 겉이 마주 닿도록 겹쳐 놓고 함께 겉뜨기로 뜬다.

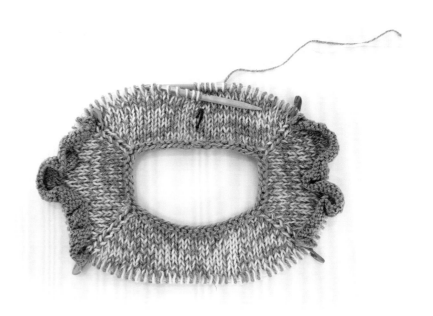

프릴 연결하기 완성.

13단 : 겉15, 오른코늘리기, M^1, 왼코늘리기, 겉18, 오른코늘리기, M^2, 왼코늘리기, 겉30, 오른코늘리기, M^3, 왼코늘리기, 겉18, 오른코늘리기, M^4, 왼코늘리기, 겉15. (전체=112코)

14단 : 겉112.

15단 : 겉16, 오른코늘리기, M^1, 겉22, M^2, 왼코늘리기, 겉32, 오른코늘리기, M^3, 겉22, M^4, 왼코늘리기, 겉16. (전체=116코)

16단 : 겉18, M^1, 왼코늘리기, 겉20, 오른코늘리기, M^2, 겉36, M^3, 왼코늘리기, 겉20, 오른코늘리기, M^4, 겉18. (전체=120코)

17단 : 겉17, 오른코늘리기, M^1, 겉24, M^2, 왼코늘리기, 겉34, 오른코늘리기, M^3, 겉24, M^4, 왼코늘리기, 겉17. (전체=124코)

18단 : 겉124.

19단 : 겉18, 오른코늘리기, M^1, 왼코늘리기, 겉22, 오른코늘리기, M^2, 왼코늘리기, 겉36, 오른코늘리기, M^3, 왼코늘리기, 겉22, 오른코늘리기, M^4, 왼코늘리기, 겉18. (전체=132코)

20단 : 겉132.

21단 : 겉19, 오른코늘리기, M^1, 겉26, M^2, 왼코늘리기, 겉38 오른코늘리기, M^3, 겉26, M^4, 왼코늘리기, 겉19. (전체=136코)

22단 : 겉21, M^1, 왼코늘리기, 겉24, 오른코늘리기, M^2, 겉42, M^3, 왼코늘리기, 겉24, 오른코늘리기, M^4, 겉21. (전체=140코)

23단 : 겉20, 오른코늘리기, M^1, 겉28, M^2, 왼코늘리기, 겉40, 오른코늘리기, M^3, 겉28, M^4, 왼코늘리기, 겉20. (전체=144코)

24단 : 겉144.

25단 : 겉21, 오른코늘리기, M^1, 왼코늘리기, 겉26, 오른코늘리기, M^2, 왼코늘리기, 겉42, 오른코늘리기, M^3, 왼코늘리기, 겉26, 오른코늘리기, M^4, 왼코늘리기, 겉21. (전체=152코)

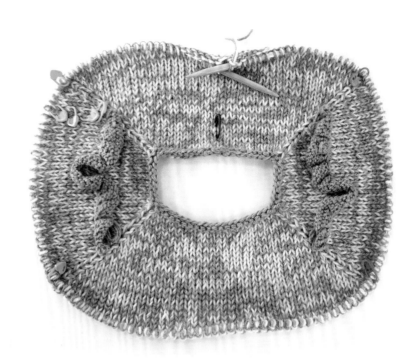

래글런 코늘림이 끝난 상태.

STEP 4
소매 분리와
몸판

몸판과 소매를 분리하고, 소매 분리단부터 25단이 될 때까지 겉뜨기로 뜬다. 26번째 단의 옆선 좌우에서 코늘림을 한다. 이후 12단마다 코늘림을 2회 하고 4단평을 뜬다.

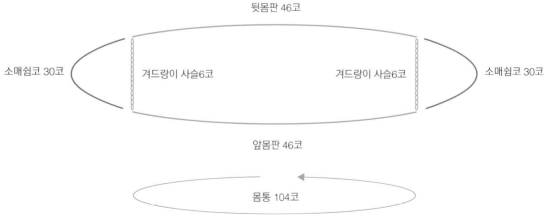

뒷몸판 46코

소매쉼코 30코　　　겨드랑이 사슬6코　　　　　　겨드랑이 사슬6코　　　소매쉼코 30코

앞몸판 46코

몸통 104코

1단(소매 분리) :

① 겉 23.

② 소매에 해당하는 30코를 버림실에 옮겨 쉼코로 둔다.

③ 별도의 버림실과 코바늘로 겨드랑이콧수(6코)만큼 사슬코를 만든다.

④ 사슬코의 뒷산에서 6코를 줍는다.

⑤ 겉46.

⑥ ②, ③, ④를 반복한다.

⑦ 겉23.

몸판의 총콧수는 뒤판 46코+겨드랑이 사슬6코+앞판 46코+겨드랑이 사슬6코
=104코이다.

겨드랑이 6코의 중앙과 뒷중심에 버림실이나 마커를 끼워 옆선과 뒷중심을 표
시한다.

소매 분리 완성. 몸판은 총 104코.

2~25단 : 겉104.

26, 38, 50단 : 입어서 오른쪽옆선 2코 전까지 겉뜨기, 오른코늘리기, 겉2, 왼코늘리기, 반대쪽옆선 표시 2코 전까지 겉뜨기, 오른코늘리기, 겉2, 왼코늘리기, 뒷중심까지 겉뜨기.

코늘림한 단을 마커로 표시한다.

27~37단 : 겉108.

39~49단 : 겉112.

51~54단 : 겉116.

55단 : 겉뜨기를 뜨면서 코막음한다.

실을 15㎝ 남기고 자른다.
돗바늘에 자른 실을 꿰어 코막음한 첫코와 연결한다.

몸판 완성.

STEP 5
밑단프릴

프릴은 콧수가 많아지기 때문에 자칫 무거워질 수 있다. 그래서 실을 1겹만 사용하여 뜬다. 충분한 분량의 프릴을 위해 3코 만들기로 코를 늘린다. 전체 콧수는 116코의 3배인 348코가 된다. 프릴의 마지막 단은 말리지 않게 하기 위해 고무단뜨기로 한다.

1단(코줍기):

① 4mm 줄바늘(80cm)과 단색 1겹으로 뒷중심에 바늘을 넣어 1코를 줍는다. 실을 안뜨기방향으로 놓고 같은 코에서 다시 코를 줍는다.

② 다음 코에 바늘을 넣어 1코를 줍는다. 실을 안뜨기방향으로 놓고 같은 코에서 다시 코를 줍는다.

③ ②를 반복하여 전체 밑단에서 코를 줍는다. (전체=348코)

2단~13단: 겉348.

14단: [겉1, 안1]×174회.

15단: 겉뜨기를 뜨면서 코막음한다. 스커트 밑단이므로 너무 쫀쫀해지지 않도록 주의한다.

실을 15cm 남기고 자른다.
돗바늘에 자른 실을 꿰어 코막음한 첫코와 연결한다.

밑단프릴 완성.

STEP 6
소 매

준비단 :

① 5㎜ 줄바늘(40㎝)에 버림실에 옮겨두었던 소매 30코를 옮긴다.

② 버림실로 뜬 겨드랑이 사슬6코를 풀어 바늘에 옮긴다. 떠가는 방향이 반대 이므로 양쪽 가장자리에 반코가 생겨 바늘에 걸리는 콧수는 7코가 된다.

③ 겨드랑이콧수 중 3코를 오른쪽바늘에 옮긴다.

사슬코를 왼쪽에서 오른쪽으로 풀었는지, 오른쪽에서 왼쪽으로 풀었는지에 따라 겨드랑이콧수를 옮기는 바늘방향이 달라진다. 겨드랑이 7코 중 3코가 앞판 쪽이 되도록 바늘을 옮긴다.

1단 : 겨드랑이 중심에 단색 2겹을 연결하여 겉3, 왼코겹치기, 겉28, 오른코겹 치기, 겉2. (전체=35코)

2단 : 안35.

3단 : 겉뜨기를 뜨면서 코막음한다.

실을 15㎝ 남기고 자른다.

돗바늘에 자른 실을 꿰어 코막음한 첫코와 연결한다.

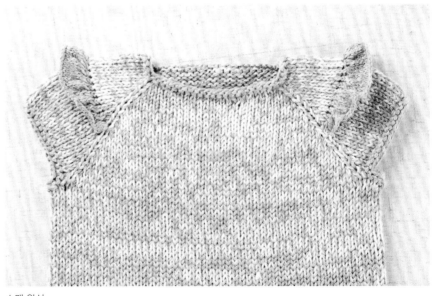

소매 완성.

03

오픈 롤칼라 판초와 귀달이모자

오픈 롤칼라 판초

판초는 톱다운으로 뜨기 좋은 아이템이다. 요크 스타일에서 소매를 분리하지 않으면 그대로 판초 스타일이 된다. 판초는 외투의 개념이므로 가슴둘레에 여유분이 많아야 편하게 입을 수 있다. 아이들의 머리 사이즈는 다른 신체 부위와 비교했을 때 크기 때문에, 가끔 롤칼라를 뜨면 머리가 들어가지 않는 경우가 있다. 이럴 때 롤칼라를 오픈 형태로 디자인하면 불편함을 해결할 수 있고, 여기에 단추까지 달면 멋스러움이 더해진다. 활동이 많은 나이라서 손이 나올 수 있게 소매트임을 만들었다.

사용실 ORANGE

- 메인실_ NOVENA(LANG), 50% Wool, 30% Alpaca, 20% Polyamid #0059 오렌지, 25g(110m), 10볼
- 배색실_ NOVENA COLOR(LANG), 50% Wool, 30% Alpaca, 20% Polyamid #0064 브라운+네이비 복합, 50g(220m) 2볼

사용실 NAVY

- 메인실_ NOVENA(LANG), 50% Wool, 30% Alpaca, 20% Polyamid #0025 네이비, 25g(110m), 10볼
- 배색실_ NOVENA COLOR(LANG), 50% Wool, 30% Alpaca, 20% Polyamid #0016 그린+블루 복합, 50g(220m) 2볼

필요 도구

- 4mm 줄바늘 1개
- 4.5mm 줄바늘 1개(40cm)
- 5mm 줄바늘 2개(40cm, 80cm)
- 7/0호 코바늘
- 단추(18mm) 2개
- 스티치 마커

게 이 지	• NOVENA 2겹 5㎜ 메리야스뜨기 10㎠=18코 27단

나 이	• 3~5세

완 성 치 수	**판초** • 밑단둘레 106.5㎝ • 총기장 35㎝ **귀달이모자** • 모자둘레 46.5㎝ • 길이 18.5㎝

완성 작품 〈앞〉

완성 작품 〈뒤〉

HOW TO
KNIT

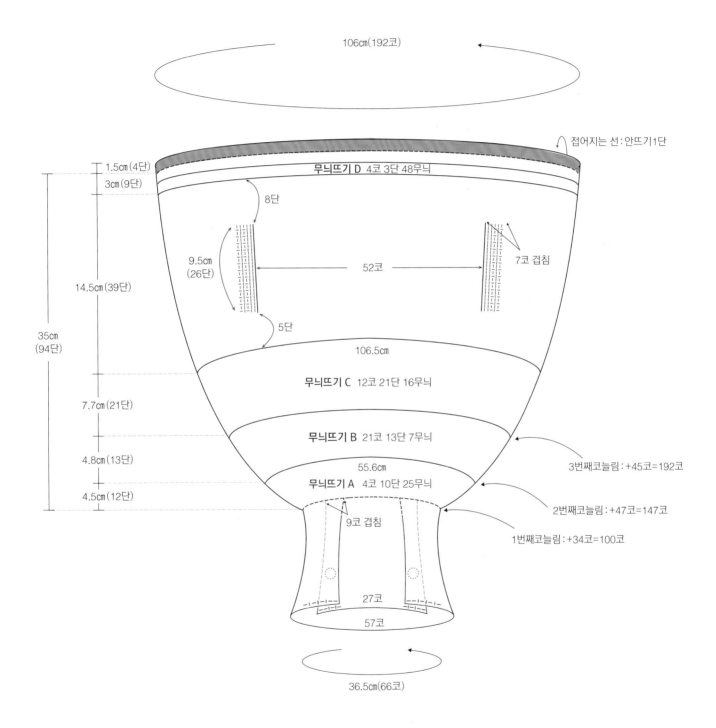

106cm(192코)

접어지는 선 : 안뜨기1단

1.5cm(4단)

무늬뜨기 D 4코 3단 48무늬

3cm(9단)

8단

9.5cm
(26단)

52코

7코 겹침

14.5cm(39단)

5단

35cm
(94단)

106.5cm

무늬뜨기 C 12코 21단 16무늬

7.7cm(21단)

무늬뜨기 B 21코 13단 7무늬

3번째코늘림 : +45코=192코

4.8cm(13단)

55.6cm

무늬뜨기 A 4코 10단 25무늬

2번째코늘림 : +47코=147코

4.5cm(12단)

9코 겹침

1번째코늘림 : +34코=100코

27코

57코

36.5cm(66코)

STEP 1
오 픈 롤 칼 라

앞뒤 롤칼라를 각각 뜬 후 앞뒤 롤칼라의 양끝이 9코씩 겹쳐지는, 윗부분이 갈라진 오픈 롤칼라를 만든다.

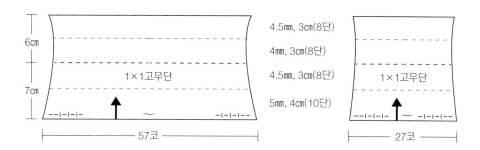

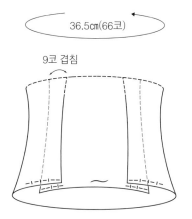

뒤 롤칼라

준비단:

① NOVENA 2겹(메인색)과 7/0(4㎜) 코바늘로 사슬56코를 만든다. 약간 느슨한 느낌으로 코를 만든다.

② 마지막 코를 길게 늘여 그 사이로 실타래를 집어넣는다.

③ 5㎜ 줄바늘로 사슬코의 뒷산에서 57코를 줍는다.

1단: 안2, [겉1, 안1]×27회, 안1.

2단: 겉2, [안1, 겉1]×27회, 겉1.

1, 2단을 반복하여 10단까지 뜬다.

4.5㎜ 줄바늘로 바꾸어 1, 2단을 반복하여 18단까지 뜬다.

4㎜ 줄바늘로 바꾸어 1, 2단을 반복하여 26단까지 뜬다.

실을 끊지 않고 그대로 둔다.

앞 롤칼라

준비단:

① NOVENA 2겹과 7/0(4㎜) 코바늘로 사슬26코를 만든다. 약간 느슨한 느낌
  으로 코를 만든다.

② 마지막 코를 길게 늘여 그 사이로 실타래를 집어넣는다.

③ 5㎜ 줄바늘로 사슬코의 뒷산에서 27코를 줍는다.

1단(안쪽면): 안2, [겉1, 안1]×12회, 안1.

2단(겉면): 겉2, [안1, 겉1]×12회, 겉1.

1, 2단을 반복하여 10단까지 뜬다.

4.5㎜ 줄바늘로 바꾸어 1, 2단을 반복하여 18단까지 뜬다.

4㎜ 줄바늘로 바꾸어 1, 2단을 반복하여 26단까지 뜬다.

실을 15㎝ 남기고 자른다.

앞뒤 롤칼라의 안쪽면.

칼라 겹치기

뒤판 롤칼라의 겉면에 앞판 롤칼라의 겉면이 맞닿도록 올려놓는다. 앞 롤칼라의 왼쪽 끝 9코를 별도의 바늘에 옮겨놓는다.

27단 :

① 바늘을 4.5㎜ 줄바늘(40㎝)로 바꾼다.

② 뒤판 롤칼라의 왼쪽 끝 9코가 앞판 롤칼라의 왼쪽 끝 9코 위에 놓이도록 겹쳐 잡고 [겉1, 안1]×4회, 겉1를 뜬다.

③ 뒤판 롤칼라만 [안1, 겉1]×19회, 안1.

④ 뒤판 롤칼라의 오른쪽 끝 9코가 앞판 롤칼라의 오른쪽 끝 9코 위에 놓이도록 겹쳐 잡고 [겉1, 안1]×4회, 겉1를 뜬다.

⑤ 앞판 롤칼라만 [안1, 겉1]×4회, 안1.

28~34단 : [겉1, 안1]×33회. (전체=66코)

BOR(Begin Of Round)을 뒷중심으로 옮기기 위해 [겉1, 안1]×14회를 뜬다. 뒷중심을 마커로 표시한다.

뒷칼라의 겉면 위에 앞칼라의 겉면이 맞닿도록 올려놓는다.

오픈 롤칼라 완성.

STEP 2

1 번째 코늘림

1단 : [겉2, m1l]×32회, [겉1, m1l]×2회. (전체=100코)

STEP 3

뒷목세움

되돌아뜨기로 뒷목세움 분량을 만든다. 옆목에서 1번, 2단마다 4코씩 2번 되돌아뜨기한다. 되돌아뜨기는 마커를 끼우면서 뜨는 일본식 되돌아뜨기(Japanese Short Row)를 사용한다. 아래 그림처럼 전체 콧수를 2등분하여, 앞판과 뒤판의 경계와 뒷중심에 마커를 끼워 표시한다. 환편뜨기의 시작 위치 ★(BOR=Beging Of Round)가 뒷중심이 된다. 줄바늘을 5㎜(40㎝)로 바꾼다.

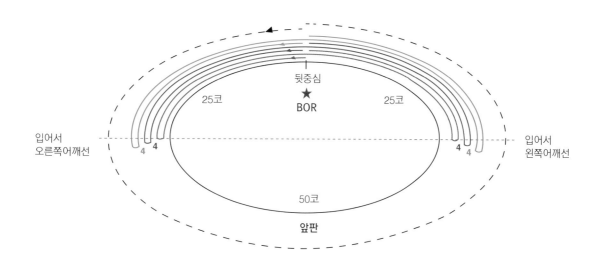

2단(되돌아뜨기) :

① **(겉면)** 겉25코, 조직을 돌려 잡는다.

② **(안쪽면)** 1코를 안뜨기방향으로 빼고, 뜨던 실에 마커를 끼운다. 안24, 뒷중심 마커, 안25, 조직을 돌려 잡는다.

③ **(겉면)** 1코를 안뜨기방향으로 빼고, 뜨던 실에 마커를 끼운다. 겉24, 뒷중심 마커, 겉25, 다음 코와 마커에 걸린 실을 함께 겉뜨기, 겉3, 조직을 돌려 잡는다.

④ **(안쪽면)** 1코를 안뜨기방향으로 빼고, 뜨던 실에 마커를 끼운다. 안28, 뒷중심 마커, 안25, 다음 코와 마커에 걸린 실을 함께 안뜨기, 안3, 조직을 돌려 잡는다.

⑤ **(겉면)** 1코를 안뜨기방향으로 빼고, 뜨던 실에 마커를 끼운다. 겉28, 뒷중심 마커, 겉29, 다음 코와 마커에 걸린 실을 함께 겉뜨기, 겉3, 조직을 돌려잡는다.

⑥ **(안쪽면)** 1코를 안뜨기방향으로 빼고, 뜨던 실에 마커를 끼운다. 안32, 뒷중심 마커, 안29, 다음 코와 마커에 걸린 실을 함께 안뜨기, 안3, 조직을 돌려 잡는다.

⑦ **(겉면)** 1코를 안뜨기방향으로 빼고, 뜨던 실에 마커를 끼운다. 겉32, 뒷중심 마커, 겉33, 다음 코와 마커에 걸린 실을 함께 겉뜨기, 겉32, 다음 코와 마커에 걸린 실을 함께 겉뜨기, 겉33.

뒷목세움 되돌아뜨기 완성.

STEP 4

배색무늬 A

배색무늬 A는 4코 10단이 한 무늬로 총 25개 무늬가 들어간다.

3~12단 : 무늬 뒤에 걸쳐지는 실이 당겨지지 않게 주의하면서 배색무늬 도안대로 10단을 뜬다.

무늬뜨기 A 4코 10단 1무늬

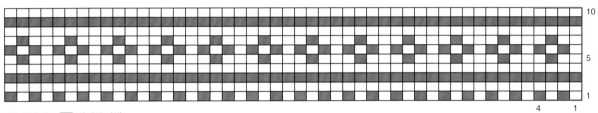

☐ 메인색 ■ 배색무늬색

무늬뜨기 A 완성.

STEP 5

2번째코늘림과
배색무늬 B

배색무늬 B는 21코 13단이 한 무늬로 총 7개 무늬가 들어간다.

13번째 단은 코늘림한 단인 동시에 배색무늬 B의 1번째 단이다.

13단: [겉2, m1l, 겉2, m1l, 겉2, m1l, 겉2, m1l, 겉2, m1l, 겉2, m1l, 겉3, m1l]×6회. [겉2, m1l]×5회. (전체=147코)

14~25단: 배색무늬 도안대로 12단을 뜬다.

무늬뜨기 B 21코 13단 1무늬

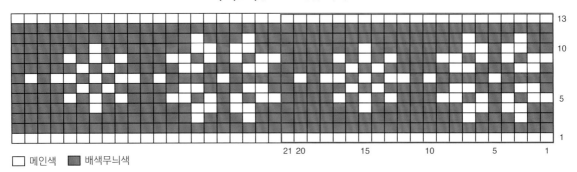

☐ 메인색 ▦ 배색무늬색

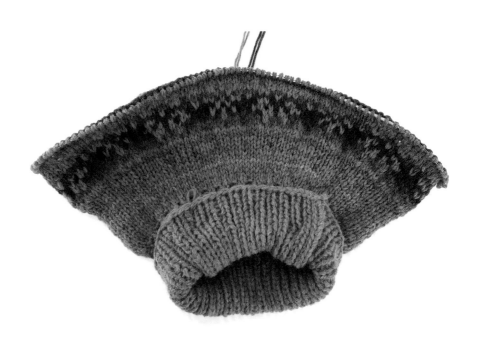

무늬뜨기 B 완성.

STEP 6

3번째코늘림과
배색무늬 C

배색무늬 C는 12코 21단이 한 무늬로 총 16개 무늬가 들어간다.

26번째 단은 코늘림한 단인 동시에 배색무늬 C의 1번째 단이다.

26 단 : [겉3, m1l, 겉3, m1l, 겉4, m1l]×12회, [겉3, m1l]×9회. (전체=192코)

27~46 단 : 배색무늬 도안대로 20단을 뜬다.

배색무늬실을 15㎝ 남기고 자른다.

47~51 단 : 메인색 실로 겉192.

무늬뜨기 C 12코 21단 1무늬

□ 메인색　■ 배색무늬색

무늬뜨기 C 완성.

무늬뜨기 A, B, C 완성.

STEP 7
소매 트임

활동성을 높이기 위해 앞판 좌우에 손이 나올 수 있는 트임을 만들어준다. 평면뜨기로 앞뒤 트임을 따로 만든 후, 양옆 7코씩을 겹쳐 뜨다가 다시 합쳐져 환편뜨기가 된다.

아래 그림처럼 뒷중심에서 좌우 70코씩 지난 자리에 마커를 끼워 트임 위치를 표시한다. 소매 트임의 앞판 52코는 별도의 바늘에 걸어놓는다.

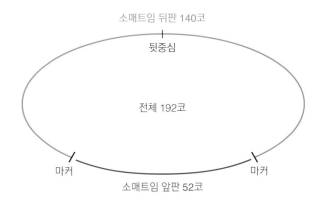

소매트임 뒤판 140코
뒷중심

전체 192코

마커   마커
소매트임 앞판 52코

트임의 뒤판

52단(겉면) : 겉65, 안1, 겉1, 안1, 겉2.

53(안쪽면) : 안70, 뒷중심 마커, 안65, 겉1, 안1, 겉1, 안2. (전체=140코)

54단 : 겉70, 뒷중심 마커, 겉65, 안1, 겉1, 안1, 겉2.

53, 54단을 반복하여 77단까지 뜬다. 겉70, 뒷중심 마커, 실을 끊지 않고 둔다.

소매 트임의 뒤판 완성.

트임의 앞판

52단 : 오른쪽 트임의 뒷부분에 새 실을 연결하여 7코를 줍는다. 겉52, 왼쪽 트임의 뒷부분에서 7코를 줍는다

53단 : 안2, 겉1, 안1, 겉1, 안56, 겉1, 안1, 겉1, 안2. (전체=66코)

54단 : 겉66.

53, 54단을 반복하여 77단까지 뜬다. 실을 15㎝ 남기고 자른다.

오른쪽 트임의 뒷부분에 새 실을 연결하여
7코를 줍는다.

왼쪽 트임의 뒷부분에서 7코를 줍는다.

트임의 앞뒤판 합치기

78단 : 겉63, 앞뒤 트임을 겹쳐서 겉7, 겉52, 앞뒤 트임을 겹쳐서 겉7, 겉63.

79~85단 : 겉192.

트임의 앞판, 뒤판이 합쳐진 상태.

STEP 8
밑 단 무 늬

배색무늬 D는 4코 3단이 한 무늬로 총 48개 무늬가 들어간다.

86~88단 : 배색무늬 도안대로 3단을 뜬다. 배색무늬실을 15㎝ 남기고 자른다.
89~93단 : 메인색 실로 겉192.

무늬뜨기 D 4코 3단 1무늬

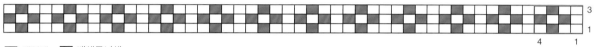

□ 메인색　■ 배색무늬색

94단 : 배색무늬실로 안192.
95~98단 : 배색무늬실로 겉192.
밑단둘레의 3.5배만큼 실을 남기고 자른다.

밑단무늬 완성.

밑단의 안단이 다 떠진 상태.

STEP 9

마무리

돗바늘을 연결하여 밑단 배색무늬의 마지막 단을 ㄷ자봉접으로 붙인다.

1 바늘에 걸린 코를 안뜨기방향으로 뺀다.

2 마지막 배색무늬단의 아래에서 위로 돗바늘을 넣는다.

3 바로 옆코의 위에서 아래로 돗바늘을 넣는다.

4 실이 나온 자리에 돗바늘을 넣고, 다음 코를 안 뜨기방향으로 뺀다.

5 실이 나온 자리에 돗바늘을 아래에서 위로 넣는 다.

6 3, 4를 반복하여 모든 코를 ㄷ자봉접으로 한다.

롤칼라를 접어 놓고 1/2이 되는 위치에 단추(18 mm)를 단다.

귀달이모자

고무단이 롤업되는 귀달이모자이다. 판초와 같은 배색무늬를 넣어 통일감을 주고, 귀덮개를
연결하여 보온성을 높였다.

HOW TO
KNIT

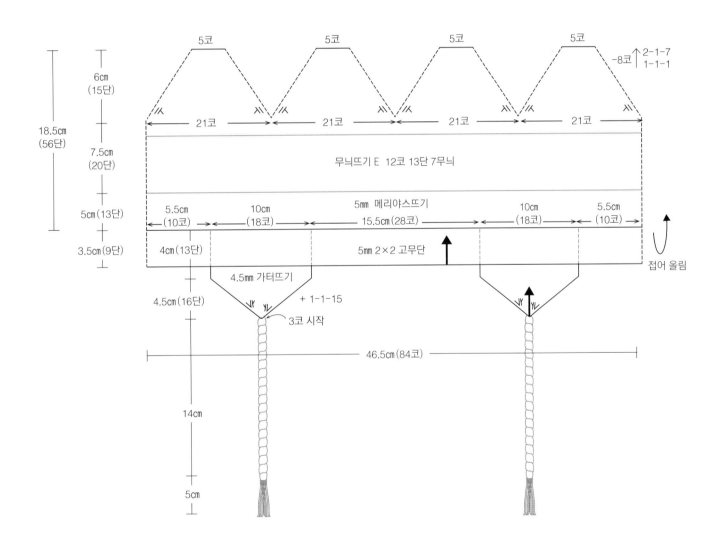

STEP 1
귀덮개와
롤업 고무단

귀덮개

준비단: 4.5㎜ 줄바늘과 NOVENA 2겹(메인색)으로 실을 45㎝ 남기고, 일반코 잡기 3코를 잡는다.

1단: 안뜨기방향으로 걸러뜨기, 겉2.

2단: 안뜨기방향으로 걸러뜨기, 오른코늘리기, 겉1.

3단: 안뜨기방향으로 걸러뜨기, 오른코늘리기, 끝까지 겉뜨기.

4~15단: 1~3단을 반복하여 15단까지 뜬다. (전체=18코)

16~29단: 안뜨기방향으로 걸러뜨기, 끝까지 겉뜨기, 실을 15㎝ 남기고 자른다.

같은 방법으로 귀덮개를 1개 더 뜬다.

귀덮개 2개 완성.

롤업 고무단

준비단: 5㎜ 줄바늘(40㎝)과 NOVENA 2겹(메인색)으로 일반코잡기 84코를 잡는다.

1단: 코 잡은 단이 꼬이지 않도록 주의하면서 [겉2, 안2]×42회.

2~9단: [겉2, 안2]×42회.

앞의 도안(75p.)을 참고하여 귀덮개가 달릴 위치를 마커로 표시한다.

STEP 2
귀덮개 연결과
배색무늬

롤업했을 때 고무단의 겉면이 겉에서 보일 수 있게, 고무단을 뜨던 방향의 반대방향으로 돌려 잡는다. 시작부분에 구멍이 생기지 않게 오른쪽바늘의 끝코에 뜨던 실을 1번 감아준다.

1단 : 겉10, 귀덮개를 고무단 뒤에 놓고 겹쳐서 겉18, 겉28, 귀덮개를 고무단 뒤에 놓고 겹쳐서 겉18, 겉10.

고무단을 반대방향으로 돌려 잡고,
오른쪽바늘의 끝코에 실을 감아준다.

귀덮개를 고무단 뒷면에 놓고 겹쳐서 겉뜨기.

귀덮개를 연결한 상태.

양쪽 귀덮개가 연결된 상태.

2~13단 : 겉84.

14~26단 : 모자의 배색무늬대로 13단을 뜬다.

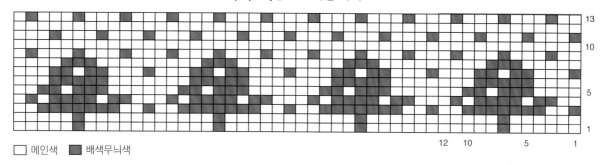

무늬뜨기 E 12코 13단 1무늬

□ 메인색 ■ 배색무늬색

27~33단 : 메인색 실로 겉84.

배색무늬를 뜨고, 33단까지 뜬 상태.

STEP 3
분 산 코 줄 임 과
남 은 코 오 므 리 기

분산 코줄임을 하기 위해 21코마다 마커로 코줄임 위치를 표시한다. 마커는 코와 코 사이에 걸어준다.

분산 코줄임

34 단 : [겉1, 오른코겹치기, 겉15, 왼코겹치기, 겉1]×4회. (전체=76코)

35 단 : 겉76.

36 단 : [겉1, 오른코겹치기, 겉13, 왼코겹치기, 겉1]×4회 (전체=68코)

37 단 : 겉68.

38 단 : [겉1, 오른코겹치기, 겉11, 왼코겹치기, 겉1]×4회 (전체=60코)

39 단 : 겉60.

40 단 : [겉1, 오른코겹치기, 겉9, 왼코겹치기, 겉1]×4회 (전체=52코)

41 단 : 겉52.

42 단 : [겉1, 오른코겹치기, 겉7, 왼코겹치기, 겉1]×4회 (전체=44코)

43 단 : 겉44.

44 단 : [겉1, 오른코겹치기, 겉5, 왼코겹치기, 겉1]×4회 (전체=36코)

45 단 : 겉36.

46 단 : [겉1, 오른코겹치기, 겉3, 왼코겹치기, 겉1]×4회 (전체=28코)

47 단 : 겉28.

48 단 : [겉1, 오른코겹치기, 겉1, 왼코겹치기, 겉1]×4회 (전체=20코)

실을 20㎝ 남기고 자른다.

모자의 남은 코 오므리기

1   자른 실에 돗바늘을 끼운다.

2   홀수코는 돗바늘에 옮겨 뒤쪽으로, 짝수코는 줄바늘에 옮겨 앞으로 놓는다.

3   바늘을 반대방향으로 민다.

4   바늘에 남아있는 코들을 모두 돗바늘에 옮기고 잡아당겨서 조인다.

홀수코는 돗바늘에, 짝수코는 줄바늘에
안뜨기방향으로 옮긴다.

남은 코를 모두 돗바늘에 옮긴다.

구멍이 생기지 않게 단단히 조인다.

STEP 4
조임끈

1 작품실을 3m 길이로 잘라서 8등분이 되게 접는다.

2 접은 실을 코바늘로 귀덮개 끝에 연결한다. 귀달이를 뜰 때 남겨 놓았던 실까지 총 18가닥이 된다.

3 6가닥씩 3갈래로 나누어 14㎝가 되게 땋아준다.

4 2가닥의 실로 땋은 끝부분을 감은 후 매듭지어 정리한다.

5 수술부분으로 5㎝를 남기고 가지런히 자른다.

코바늘로 접은 실을 귀덮개 끝에 연결한다.

실을 6가닥씩 3갈래로 나누어 땋는다.

땋은 끝부분을 2가닥의 실로 감아 마무리한다.

04

더블 후드 코트

더블 후드 코트

후드에서부터 뜨는 톱다운 코트로 후드에서 이어지는 앞여밈이 사랑스런 디자인이다. 전체
무늬는 가터뜨기로 조직의 톡톡함을 살리고 가터뜨기 사이에 끌어올림무늬로 라인을 만들었
다. 시작과 끝부분은 2코 걸러뜨기로 가터뜨기의 끝부분을 매끈하게 정리하고, 밑단은 걸러
뜨기를 아이코드로 연결하여 마무리한다.
더블 후드 코트를 2종류로 디자인하였다. 레드 컬러는 벌룬소매로 여자아이에게 어울리도록
사랑스럽게 디자인하였고, 브라운 컬러는 소매에 비죠장식을 달았다. 전체적으로 뜨는 방법
은 동일하고 단춧구멍의 방향과 소매를 뜨는 방법만 다르다.

사용실
RED

벌룬소매 후드 코트

- 메인실_ WILLOW(Sublime), 94% Merino
  Wool, 6% Nylon
  #591 버건디, 50g(125m) 8볼

사용실
BROWN

비죠장식 후드 코트

- WILLOW(Sublime)_ 94% Merino Wool,
  6% Nylon
  라이트 브라운, 50g (125m) 8볼

필요 도구

- 6mm 줄바늘 1개
- 단추(25mm) 6개(벌룬소매), 8개(비죠장식)
- 스티치 마커

- 7mm 줄바늘 2개(40cm, 80cm)
- 버림실 조금

완성 작품 〈앞〉

게이지

- WILLOW 7㎜ 가터뜨기 10㎠ = 15코, 30단

나이

- 5~6세

완성 치수

- 가슴둘레 76.5㎝
- 총기장 45.5㎝

HOW TO
KNIT

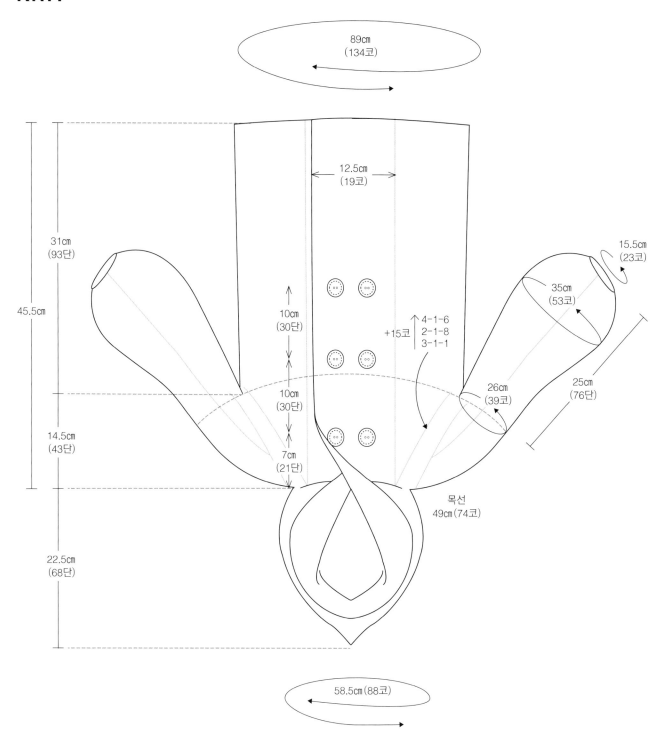

89cm
(134코)

12.5cm
(19코)

31cm
(93단)

45.5cm

15.5cm
(23코)

35cm
(53코)

10cm
(30단)

↑ 4-1-6
2-1-8
3-1-1

+15코

10cm
(30단)

26cm
(39코)

25cm
(76단)

14.5cm
(43단)

7cm
(21단)

목선
49cm(74코)

22.5cm
(68단)

58.5cm(88코)

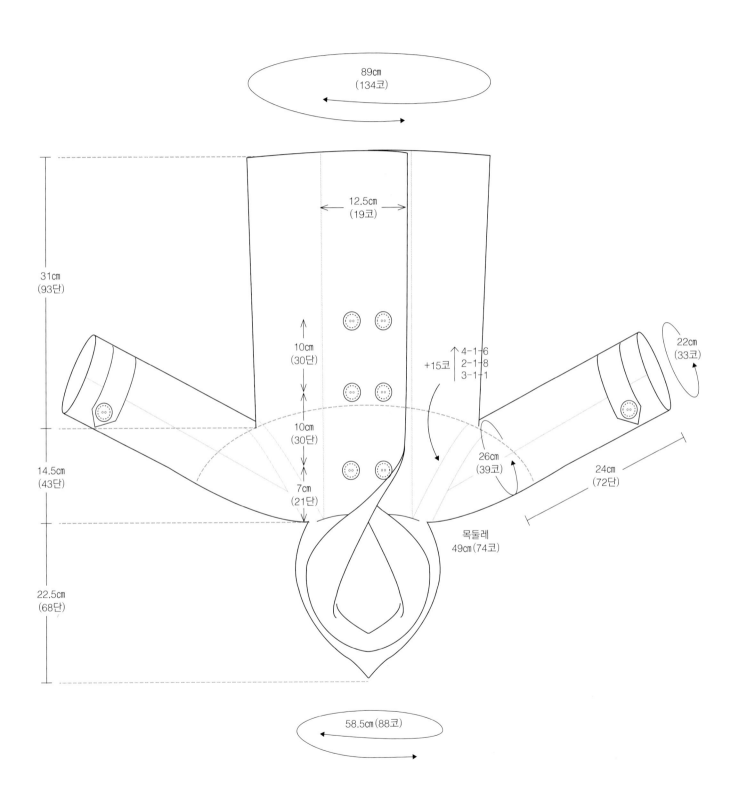

89

89cm
(134코)

12.5cm
(19코)

31cm
(93단)

10cm
(30단)

10cm
(30단)

7cm
(21단)

14.5cm
(43단)

22.5cm
(68단)

+15코

4-1-6
2-1-8
3-1-1

26cm
(39코)

22cm
(33코)

24cm
(72단)

목둘레
49cm(74코)

58.5cm(88코)

STEP 1

후드

양방향 코잡기(Magic Cast On)로 시작하여 후드를 뜨고 후드가 끝나는 부분에 코막음을 하여 목선부분이 늘어나지 않게 한다.

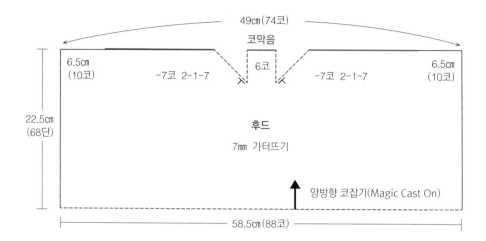

준비단 : 7㎜ 줄바늘(80㎝)로 양방향 코잡기 44코를 잡는다. 겉44.

양방향 코잡기 18p. 참고

1단(겉면) :

① 안뜨기2코 걸러뜨기, 겉42.

② 반대쪽 바늘을 반대방향으로 민다.

③ 겉42, 안2.

1째단에 마커를 걸어 표시한다. 양쪽바늘에 걸린 44코씩을 모두 떠야 한 단이 된다.

2단(안쪽면) :

① 겉뜨기방향으로 걸러뜨기1, 안뜨기방향으로 걸러뜨기1, 겉42.

② 반대쪽 바늘을 반대방향으로 민다.

③ 겉44.

2단까지 뜬 겉면.   2단까지 뜬 안쪽면.

1, 2단을 반복하여 54단이 될 때까지 뜬다. (전체=88코)
후드 중심 6코의 좌우에 마커를 건다.

54단 88코.

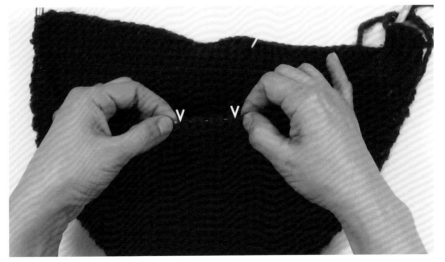

후드 중심 6코.

55, 57, 59, 61, 63, 65, 67 단(겉면) : 안뜨기2코 걸러뜨기, 마커 2코 전까지 겉뜨기, 왼코겹치기, 마커, 겉6, 마커, 오른코겹치기, 2코 남을 때까지 겉뜨기, 안2.

56, 58, 60, 62, 64, 66 단(안쪽면) : 겉뜨기방향으로 걸러뜨기1, 안뜨기방향으로 걸러뜨기1, 끝까지 겉뜨기. (전체=74코)

후드의 뒷중심 코가 줄어든 상태.

68단 : 겉뜨기방향으로 걸러뜨기1, 안뜨기방향으로 걸러뜨기1, 겉8, 9코 남을 때까지 겉뜨기로 뜨면서 코막음, 겉9.

목선이 늘어나지 않게 좌우 10코씩 남기고 가운데부분은 코막음한다.

STEP 2

몸판의

래글런 코늘림

래글런선 코늘림을 하면서 단춧구멍을 만들고 무늬뜨기를 한다. 가터뜨기의 래글런선 코늘림은 감아코만들기로 한다.

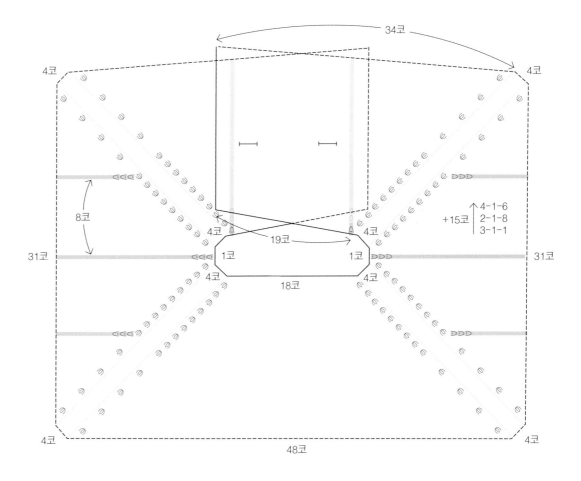

1 단(겉면) : 안뜨기방향으로 걸러뜨기2, 겉8, 코막음 자리에서 코막음 콧수만큼 코를 줍는다. 겉10. (전체=74코)

2 단(안쪽면) : 겉뜨기방향으로 걸러뜨기1, 안뜨기방향으로 걸러뜨기1, 끝까지 겉뜨기.

래글런선 코늘림 위치에 마커를 건다. 래글런선 코늘림 위치를 표시하는 마커는 총 8개로 각 마커의 이름을 순서대로 M[1], M[2], M[3], M[4], M[5], M[6], M[7], M[8]이라고 한다.

19코, M¹, 4코, M², 1코, M³, 4코, M⁴, 18코, M⁵, 4코, M⁶, 1코, M⁷, 4코, M⁸, 19코.

끌어올림무늬를 떠야 하는 19번째, 24번째, 51번째, 56번째 코를 마커로 표시한다. 이 마커를 무늬뜨기 마커라고 부르기로 하자. 코늘림은 코와 코 사이에서 늘어나므로 마커도 코와 코 사이에 걸어주고, 끌어올림무늬는 해당 코에서 무늬뜨기를 해야 하므로 코에 마커를 걸어 표시한다.

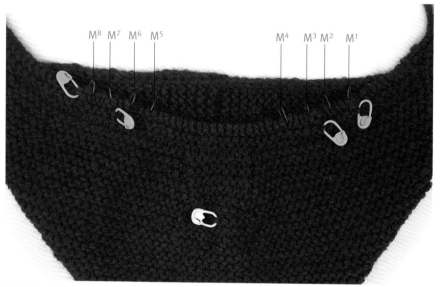

래글런선 코늘림 위치와 무늬뜨기 위치를 마커로 표시한다.

겉면에서는 무늬뜨기 마커가 표시된 코를 안뜨기로 뜨고, 안쪽면에서는 무늬뜨기 마커가 표시된 코의 전단에 바늘을 넣어 겉뜨기로 뜬다.

무늬뜨기

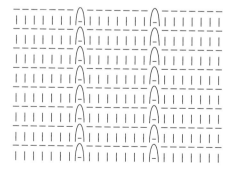

래글런선 코늘림은 마커 M^1, M^3, M^5, M^7 앞에서, 마커 M^2, M^4, M^6, M^8 뒤에서 감아코로 늘린다. 2단에 1번씩 9회 코늘림한다. 1번 코늘림할 때 8코씩 늘어나므로 코늘림이 모두 끝나면 전체 콧수가 146코가 된다.

* 파란색 단은 「래글런선 코늘림」이 있는 단이다.
* 굵은 글자의 코는 래글런 코늘림 때문에 전단과 달라지는 콧수를 의미한다.

3 단(겉면) : 안뜨기방향으로 걸러뜨기2, 겉16, 안1, 감아코1, M^1, 겉4, M^2, 감아코1, 안1, 감아코1, M^3, 겉4, M^4, 감아코1, 겉18, 감아코1, M^5, 겉4, M^6, 감아코1, 안1, 감아코1, M^7, 겉4, M^8, 감아코1, 안1, 2코 남을 때까지 겉뜨기, 안2. (전체=82코)

4, 6, 8, 10, 12, 14, 16, 20 단(안쪽면) : 겉뜨기방향으로 걸러뜨기1, 안뜨기방향으로 걸러뜨기1, 무늬뜨기 마커가 있는 자리만 전단에 바늘을 넣어 겉뜨기, 나머지 코는 모두 겉뜨기.

5단(겉면) : 안뜨기방향으로 걸러뜨기2, 겉16, 안1, 겉1, 감아코1, M^1, 겉4, M^2, 감아코1, 겉1, 안1, 겉1, 감아코1, M^3, 겉4, M^4, 감아코1, 겉20, 감아코1, M^5, 겉4, M^6, 감아코1, 겉1, 안1, 겉1, 감아코1, M^7, 겉4, M^8, 감아코1, 겉1, 안1, 2코 남을 때까지 겉뜨기, 안2. (전체=90코)

7 단(겉면) : 안뜨기방향으로 걸러뜨기2, 겉16, 안1, 겉2, 감아코1, M^1, 겉4, M^2, 감아코1, 겉2, 안1, 겉2, 감아코1, M^3, 겉4, M^4, 감아코1, 겉22, 감아코1, M^5, 겉4, M^6, 감아코1, 겉2, 안1, 겉2, 감아코1, M^7, 겉4, M^8, 감아코1, 겉2, 안1, 2코 남을 때까지 겉뜨기, 안2. (전체=98코)

9 단(겉면) : 안뜨기방향으로 걸러뜨기2, 겉16, 안1, 겉3, 감아코1, M^1, 겉4, M^2, 감아코1, 겉3, 안1, 겉3, 감아코1, M^3, 겉4, M^4, 감아코1, 겉24, 감아코1, M^5, 겉4, M^6, 감아코1, 겉3, 안1, 겉3, 감아코1, M^7, 겉4, M^8, 감아코1, 겉3, 안1, 2코 남을 때까지 겉뜨기, 안2. (전체=106코)

11단(겉면) : 안뜨기방향으로 걸러뜨기2, 겉16, 안1, 겉4, 감아코1, M^1, 겉4, M^2, 감아코1, 겉4, 안1, 겉4, 감아코1, M^3, 겉4, M^4, 감아코1, 겉26, 감아코1, M^5, 겉4, M^6, 감아코1, 겉4, 안1, 겉4, 감아코1, M^7, 겉4, M^8, 감아코1, 겉4, 안1, 2코 남을 때까지 겉뜨기, 안2. (전체=114코)

13 단(겉면) : 안뜨기방향으로 걸러뜨기2, 겉16, 안1, 겉5, 감아코1, M^1, 겉4, M^2, 감아코1, 겉5, 안1, 겉5, 감아코1, M^3, 겉4, M^4, 감아코1, 겉28, 감아코1, M^5, 겉4, M^6, 감아코1, 겉5, 안1, 겉5, 감아코1, M^7, 겉4, M^8, 감아코1, 겉5, 안1, 2코 남을 때까지 겉뜨기, 안2. (전체=122코)

15 단(겉면) : 안뜨기방향으로 걸러뜨기2, 겉16, 안1, 겉6, 감아코1, M^1, 겉4, M^2, 감아코1, 겉6, 안1, 겉6, 감아코1, M^3, 겉4, M^4, 감아코1, 겉30, 감아코1,

M⁵, 겉4, M⁶, 감아코1, **겉6**, 안1, **겉6**, 감아코1, M⁷, 겉4, M⁸, 감아코1, **겉6**, 안1, 2코 남을 때까지 겉뜨기, 안2. (전체=130코)

17 단(겉면) : 안뜨기방향으로 걸러뜨기2, 겉16, 안1, **겉7**, 감아코1, M¹, 겉4, M², 감아코1, **겉7**, 안1, **겉7**, 감아코1, M³, 겉4, M⁴, 감아코1, **겉32**, 감아코1, M⁵, 겉4, M⁶, 감아코1, **겉7**, 안1, **겉7**, 감아코1, M⁷, 겉4, M⁸, 감아코1, **겉7**, 안1, 2코 남을 때까지 겉뜨기, 안2. (전체=138코)

19 단(겉면) : 안뜨기방향으로 걸러뜨기2, 겉16, 안1, **겉8**, 감아코1, M¹, 겉4, M², 감아코1, **겉8**, 안1, **겉8**, 감아코1, M³, 겉4, M⁴, 감아코1, **겉34**, 감아코1, M⁵, 겉4, M⁶, 감아코1, **겉8**, 안1, **겉8**, 감아코1, M⁷, 겉4, M⁸, 감아코1, **겉8**, 안1, 2코 남을 때까지 겉뜨기, 안2. (전체=146코)

2단마다 코늘림 9회가 끝나고 전체 콧수는 146코. M² 다음코, M³ 앞코, M⁶ 다음코, M⁷ 앞코에 무늬뜨기 마커를 추가한다.

후드 완성.

지금부터는 래글런선 코늘림을 4단에 1번씩 총 6회를 한다. 1번 코늘림할 때 8코씩 늘어나므로 코늘림이 모두 끝나면 전체 콧수는 194코가 된다.

21단에서는 단춧구멍을 만들고 동시에 소매중심무늬 좌우에 무늬를 추가한다. 2번째와 3번째 무늬뜨기 마커의 좌우 9번째 코에 마커를 하나씩 추가한다.

21단(겉면/단춧구멍) : 안뜨기방향으로 걸러뜨기2, 겉16, 안1, **겉9**, M¹, 겉4, M², 안1, **겉8**, 안1, **겉8**, 안1, M³, 겉4, M⁴, **겉36**, M⁵, 겉4, M⁶, 안1, **겉8**, 안1, **겉8**, 안1, M⁷, 겉4, M⁸, **겉9**, 안1, 겉4, 감아코1, 왼코겹치기, 겉6, 감아코1, 왼코겹치기, 겉2, 안2. (전체=146코)

브라운 후드 코트는 남아용으로 단춧구멍이 입어서 왼쪽에 있다. 남아용으로 뜰 경우에는 다음처럼 단춧구멍을 만든다.

21단(겉면) : 안뜨기방향으로 걸러뜨기2, 겉2, 왼코겹치기, 감아코1, 겉6, 왼코겹치기, 감아코1, 겉4, 안1, **겉9**, M¹, 겉4, M², 안1, **겉8**, 안1, **겉8**, 안1, M³, 겉4, M⁴, **겉36**, M⁵, 겉4, M⁶, 안, **겉8**, 안1, **겉8**, 안1, M⁷, 겉4, M⁸, **겉9**, 안1, 2코 남을 때까지 겉뜨기, 안2. (전체=146코)

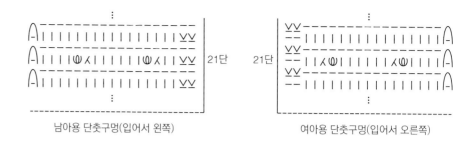

남아용 단춧구멍(입어서 왼쪽)　　　여아용 단춧구멍(입어서 오른쪽)

단춧구멍을 만든 21번째 단에 마커를 걸어 표시하고, 단춧구멍은 30단에 1번씩 2회 더 만든다.

22, 24, 26, 28, 30, 32, 34, 36, 38, 40, 42, 44 단(안쪽면) : 겉뜨기방향으로 걸러뜨기1, 안뜨기방향으로 걸러뜨기1, 무늬뜨기 마커가 있는 자리만 전단에 바늘을 넣어 겉뜨기, 나머지 코는 모두 겉뜨기.

23 단(겉면) : 안뜨기방향으로 걸러뜨기2, 겉16, 안1, **겉9**, 감아코1, M¹, 겉4, M², 감아코1, 안1, **겉8**, 안1, **겉8**, 안1, 감아코1, M³, 겉4, M⁴, 감아코1, **겉36**, 감아코1, M⁵, 겉4, M⁶, 감아코1, 안1, **겉8**, 안1, **겉8**, 안1, 감아코1, M⁷, 겉4, M⁸, 감아코1, **겉9**, 안1, 2코 남을 때까지 겉뜨기, 안2. (전체=154코)

25 단(겉면) : 안뜨기방향으로 걸러뜨기2, 겉16, 안1, **겉10**, M¹, 겉4, M², 안1, **겉9**, 안1, **겉9**, 안1, M³, 겉4, M⁴, **겉38**, M⁵, 겉4, M⁶, 안1, **겉9**, 안1, **겉9**, 안1, M⁷, 겉4, M⁸, **겉10**, 안1, 2코 남을 때까지 겉뜨기, 안2.

27 단(겉면) : 안뜨기방향으로 걸러뜨기2, 겉16, 안1, **겉10**, 감아코1, M¹, 겉4, M², 감아코1, 안1, **겉9**, 안1, **겉9**, 안1, 감아코1, M³, 겉4, M⁴, 감아코1, **겉38**, 감아코1, M⁵, 겉4, M⁶, 감아코1, 안1, **겉9**, 안1, **겉9**, 안1, 감아코1, M⁷, 겉4, M⁸, 감아코1, **겉10**, 안1, 2코 남을 때까지 겉, 안2. (전체=162코)

29 단(겉면) : 안뜨기방향으로 걸러뜨기2, 겉16, 안1, **겉11**, M¹, 겉4, M², 안1, **겉10**, 안1, **겉10**, 안1, M³, 겉4, M⁴, **겉40**, M⁵, 겉4, M⁶, 안1, **겉10**, 안1, **겉10**, 안1, M⁷, 겉4, M⁸, **겉11**, 안1, 2코 남을 때까지 겉뜨기, 안2.

31 단(겉면) : 안뜨기방향으로 걸러뜨기2, 겉16, 안1, **겉11**, 감아코1, M¹, 겉4, M², 감아코1, 안1, **겉10**, 안1, **겉10**, 안1, 감아코1, M³, 겉4, M⁴, 감아코1, **겉40**, 감아코1, M⁵, 겉4, M⁶, 감아코1, 안1, **겉10**, 안1, **겉10**, 안1, 감아코1, M⁷, 겉4, M⁸, 감아코1, **겉11**, 안1, 2코 남을 때까지 겉, 안2. (전체=170코)

33 단(겉면) : 안뜨기방향으로 걸러뜨기2, 겉16, 안1, **겉12**, M^1, 겉4, M^2, 안1, **겉11**, 안1, **겉11**, 안1, M^3, 겉4, M^4, **겉42**, M^5, 겉4, M^6, 안1, **겉11**, 안1, **겉11**, 안1, M^7, 겉4, M^8, **겉12**, 안1, 2코 남을 때까지 겉뜨기, 안2.

35 단(겉면) : 안뜨기방향으로 걸러뜨기2, 겉16, 안1, **겉12**, 감아코1, M^1, 겉4, M^2, 감아코1, 안1, **겉11**, 안1, **겉11**, 안1, 감아코1, M^3, 겉4, M^4, 감아코1, **겉42**, 감아코1, M^5, 겉4, M^6, 감아코1, 안1, **겉11**, 안1, **겉11**, 안1, 감아코1, M^7, 겉4, M^8, 감아코1, **겉12**, 안1, 2코 남을 때까지 겉, 안2. (전체=178코)

37 단(겉면) : 안뜨기방향으로 걸러뜨기2, 겉16, 안1, **겉13**, M^1, 겉4, M^2, 안1, **겉12**, 안1, **겉12**, 안1, M^3, 겉4, M^4, **겉44**, M^5, 겉4, M^6, 안1, **겉12**, 안1, **겉12**, 안1, M^7, 겉4, M^8, **겉13**, 안1, 2코 남을 때까지 겉뜨기, 안2.

39 단(겉면) : 안뜨기방향으로 걸러뜨기2, 겉16, 안1, **겉13**, 감아코1, M^1, 겉4, M^2, 감아코1, 안1, **겉12**, 안1, **겉12**, 안1, 감아코1, M^3, 겉4, M^4, 감아코1, **겉44**, 감아코1, M^5, 겉4, M^6, 감아코1, 안1, **겉12**, 안1, **겉12**, 안1, 감아코1, M^7, 겉4, M^8, 감아코1, **겉13**, 안1, 2코 남을 때까지 겉, 안2. (전체= 186코)

41 단(겉면) : 안뜨기방향으로 걸러뜨기2, 겉16, 안1, **겉14**, M^1, 겉4, M^2, 안1, **겉13**, 안1, **겉13**, 안1, M^3, 겉4, M^4, **겉46**, M^5, 겉4, M^6, 안1, **겉13**, 안1, **겉13**, 안1, M^7, 겉4, M^8, **겉14**, 안1, 2코 남을 때까지 겉뜨기, 안2.

43 단(겉면) : 안뜨기방향으로 걸러뜨기2, 겉16, 안1, **겉14**, 감아코1, M^1, 겉4, M^2, 감아코1, 안1, **겉13**, 안1, **겉13**, 안1, 감아코1, M^3, 겉4, M^4, 감아코1, **겉46**, 감아코1, M^5, 겉4, M^6, 감아코1, 안1, **겉13**, 안1, **겉13**, 안1, 감아코1, M^7, 겉4, M^8, 감아코1, **겉14**, 안1, 2코 남을 때까지 겉, 안2. (전체=194코)

STEP 3
소매 분리와
몸판

몸판과 소매를 분리하고, 단춧구멍을 30단에 1번씩 2회 만들면서 소매 분리단에서부터 총 93단을 뜬다.

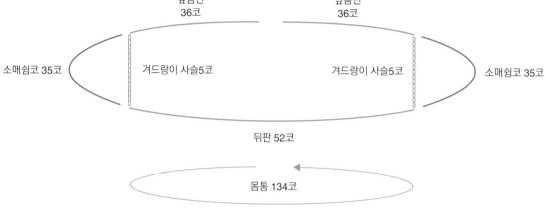

1단(겉면 / 소매 분리) :

① 안뜨기방향으로 걸러뜨기2, 겉16, 안1, 겉15, M^1 제거, 겉2.

② 소매에 해당하는 35코를 버림실에 옮긴다.

③ 별도의 버림실과 코바늘로 겨드랑이콧수(5코)만큼 사슬코를 만든다.

④ ③의 사슬코에서 5코를 줍는다.

⑤ M^5까지 겉뜨기, M^5 제거, 겉2.

⑥ ②, ③, ④를 반복한다.

⑦ 겉2, M^8 제거, 겉15, 안1, 2코 남을 때까지 겉뜨기, 안2. (전체 134코)

몸판과 소매가 분리되고 몸판 콧수는 134코.

2단(안쪽면) : 겉뜨기방향으로 걸러뜨기1, 안뜨기방향으로 걸러뜨기1, 무늬뜨기 마커가 있는 자리만 전단에 바늘을 넣어 겉뜨기, 나머지 코는 모두 겉뜨기.

3단(겉면) : 안뜨기방향으로 걸러뜨기2, 겉16, 안1, 겉96, 안1, 겉16, 안2.

2, 3단을 반복하여 6단까지 뜬다.

7단(겉면/단춧구멍) : 안뜨기방향으로 걸러뜨기2, 겉16, 안1, 겉96, 안1, 겉4, 감아코1, 왼코겹치기, 겉6, 감아코1, 왼코겹치기, 겉2, 안2.

2, 3단을 반복하여 36단까지 뜬다.

37단(겉면/단춧구멍) : 안뜨기방향으로 걸러뜨기2, 겉16, 안1, 겉96, 안1, 겉4, 감아코1, 왼코겹치기, 겉6, 감아코1, 왼코겹치기, 겉2, 안2.

2, 3단을 반복하여 93단까지 뜬다.

비죠장식 후드 코트
BROWN

비죠장식 후드 코트의 경우 단춧구멍이 있는 7단, 37단은 다음처럼 뜬다.

7, 37단(겉면/단춧구멍) : 안뜨기방향으로 걸러뜨기2, 겉2, 왼코겹치기, 감아코1, 겉6, 왼코겹치기, 감아코1, 겉4, 안1, 겉96, 안1, 겉16, 안2.

93단까지 뜬 상태.

STEP 4
밑단 마무리

앞단에서 걸러뜬 2코를 이용하여 아이코드로 밑단을 마무리한다.

1 7㎜ 줄바늘(40㎝)로 겉뜨기방향으로 걸러뜨기1, 겉1, 코들을 바늘의 반대방향으로 민다.

2 겉1, 오른코겹치기, 코들을 바늘의 반대방향으로 민다.

3 몸판에 2코가 남을 때까지 2를 반복한다. 실을 15㎝ 남기고 자른다.

4 바늘에 남은 2코씩을 서로 마주보게 놓고, 돗바늘을 이용하여 메리야스잇기(Kitchner Stitch)로 잇는다.

걸러뜨기1, 겉1을 뜨고 코들을 반대방향으로 민다.

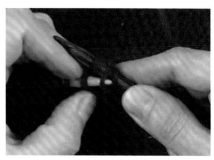

겉1, 몸판코와 같이 오른코겹치기를 한 후, 코들을 반대방향으로 민다.

2코가 남으면 실을 15cm 남기고 자른다.

메리야스잇기로 잇는다.

밑단 마무리 완성.

STEP 5
벌룬소매

소매는 7㎜ 줄바늘(40㎝)로 시접 없이 환편으로 뜬다. 환편뜨기는 겉면만 보면서 뜨기 때문에 가터뜨기를 뜰 때 홀수단은 겉뜨기, 짝수단은 안뜨기로 뜬다. 무늬뜨기 마커가 있는 코는 홀수단에서는 안뜨기로, 짝수단에서는 전단에 바늘을 넣어 안뜨기로 뜬다.

소매배래에서 6단마다 코줄임을 2번하고 32단까지 뜬 후 8단에 1번씩 3회 분산 코늘림을 하고, 단평으로 17단을 뜬 후 다시 2단에 1번씩 분산 코줄임을 5회하여 벌룬소매를 만든다.

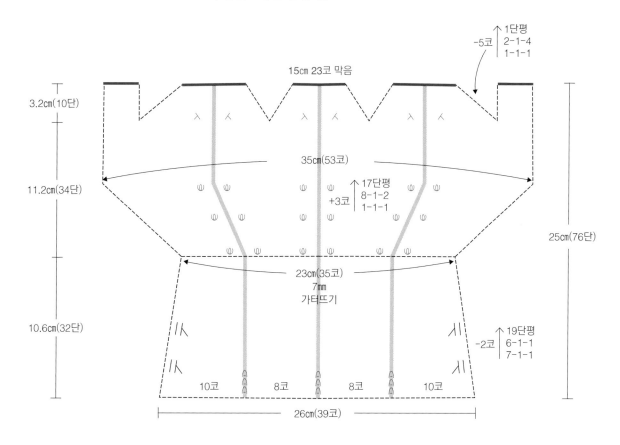

준비단 :

① 버림실에 옮겨놓았던 소매 35코를 바늘에 옮긴다.

② 버림실로 뜬 몸판 겨드랑이 5코의 사슬을 풀어 바늘에 옮긴다. 떠가는 방향이 반대이므로 양쪽 가장자리에 반코가 생겨 걸어올린 콧수는 6코가 된다.

③ 겨드랑이콧수의 반(3코)을 왼쪽바늘에 옮긴다.

1 단 : 겨드랑이 중심에 새 실을 연결하여 겉2, 왼코겹치기, 겉7, 안1, 겉8, 안1, 겉8, 안1, 겉7, 오른코겹치기, 겉2. (전체=39코)

* 빨간색 단은 코늘림, 파란색 단은 코줄임이 있는 단이다.

2, 4, 6 단 : 안10, 전단에 안1, 안8, 전단에 안1, 안8, 전단에 안1, 안10.

3, 5 단 : 겉10, 안1, 겉8, 안1, 겉8, 안1, 겉10.

7 단 : 겉1, 오른코겹치기, 겉7, 안1, 겉8, 안1, 겉8, 안1, 겉7, 왼코겹치기, 겉1. (전체=37코)

8, 10, 12 단 : 안9, 전단에 안1, 안8, 전단에 안1, 안8, 전단에 안1, 안9.

9, 11 단 : 겉9, 안1, 겉8, 안1, 겉8, 안1, 겉9.

13 단 : 겉1, 오른코겹치기, 겉6, 안1, 겉8, 안1, 겉8, 안1, 겉6, 왼코겹치기, 겉1. (전체=35)

14 단 : 안8, 전단에 안1, 안8, 전단에 안1, 안8, 전단에 안1, 안8.

15 단 : 겉8, 안1, 겉8, 안1, 겉8, 안1, 겉8.

14, 15단을 반복하여 32단까지 뜬다.

33 단 : 겉6, 감아코1, 겉2, 안1, 겉2, 감아코1, 겉4, 감아코, 겉2, 안1, 겉2, 감아코1, 겉4, 감아코1, 겉2, 안1, 겉2, 감아코1, 겉6. (전체=41코)

34, 36, 38, 40단 : 안9, 전단에 안1, 안10, 전단에 안1, 안10, 전단에 안1, 안9.

35, 37, 39 단 : 겉9, 안1, 겉10, 안1, 겉10, 안1, 겉9.

41 단 : 겉7, 감아코1, 겉2, 안1, 겉2, 감아코1, 겉6, 감아코1, 겉2, 안1, 겉2, 감아코1, 겉6, 감아코1, 겉2, 안1, 겉2, 감아코1, 겉7. (전체=47코)

42, 44, 46, 48 단 : 안10, 전단에 안1, 안12, 전단에 안1, 안12, 전단에 안1, 안10.

43, 45, 47 단 : 겉10, 안1, 겉12, 안1, 겉12, 안1, 겉10.

49 단 : 겉8, 감아코1, 겉2, 안1, 겉2, 감아코1, 겉8, 감아코1, 겉2, 안1, 겉2, 감아코1, 겉8, 감아코1, 겉2, 안1, 겉2, 감아코1, 겉8. (전체=53코)

50 단 : 안11, 전단에 안1, 안14, 전단에 안1, 안14, 전단에 안1, 안11.

51 단 : 겉11, 안1, 겉14, 안1, 겉14, 안1, 겉11.

50, 51단을 반복하여 66단까지 뜬다.

67 단 : 겉8, 왼코겹치기, 겉1, 안1, 겉1, 오른코겹치기, 겉8, 왼코겹치기, 겉1, 안1, 겉1, 오른코겹치기, 겉8, 왼코겹치기, 겉1, 안1, 겉1, 오른코겹치기, 겉8. (전체=47코)

68 단 : 안10, 전단에 안1, 안12, 전단에 안1, 안12, 전단에 안1, 안10.

69 단 : 겉7, 왼코겹치기, 겉1, 안1, 겉1, 오른코겹치기, 겉6, 왼코겹치기, 겉1, 안1, 겉1, 오른코겹치기, 겉6, 왼코겹치기, 겉1, 안1, 겉1, 오른코겹치기, 겉7. (전체=41코)

70 단 : 안9, 전단에 안1, 안10, 전단에 안1, 안10, 전단에 안1, 안9.

71 단 : 겉6, 왼코겹치기, 겉1, 안1, 겉1, 오른코겹치기, 겉4, 왼코겹치기, 겉1, 안1, 겉1, 오른코겹치기, 겉4, 왼코겹치기, 겉1, 안1, 겉1, 오른코겹치기, 겉6. (전체=35코)

72 단 : 안8, 전단에 안1, 안8, 전단에 안1, 안8, 전단에 안1, 안8.

73 단 : 겉5, 왼코겹치기, 겉1, 안1, 겉1, 오른코겹치기, 겉2, 왼코겹치기, 겉1, 안1, 겉1, 오른코겹치기, 겉2, 왼코겹치기, 겉1, 안1, 겉1, 오른코겹치기, 겉5. (전체=29코)

74 단 : 안7, 전단에 안1, 안6, 전단에 안1, 안6, 전단에 안1, 안7.

75 단 : 겉4, 왼코겹치기, 겉1, 안1, 겉1, 오른코겹치기, 왼코겹치기, 겉1, 안1, 겉1, 오른코겹치기, 왼코겹치기, 겉1, 안1, 겉1, 오른코겹치기, 겉4. (전체=23코)

76 단 : 안6, 전단에 안1, 안4, 전단에 안1, 안4, 전단에 안1, 안6.

겉뜨기를 뜨면서 코막음한다.
실을 15㎝ 남기고 자른다. 자른 실을 돗바늘에 꿰어 코막음한 첫번째 코와 연결한다.

벌룬소매 완성.

STEP 6

비죠장식 소매

소매는 7㎜ 줄바늘(40㎝)로 시접 없이 환편으로 뜬다. 환편뜨기는 겉면만 보면서 뜨기 때문에 가터뜨기를 뜰 때 홀수단은 겉뜨기, 짝수단은 안뜨기로 뜬다. 무늬뜨기 마커가 있는 코는 홀수단에서는 안뜨기로, 짝수단에서는 전단에 바늘을 넣어 안뜨기로 뜬다.

소매배래에서 3번 코줄임하고 72단까지 뜬다.

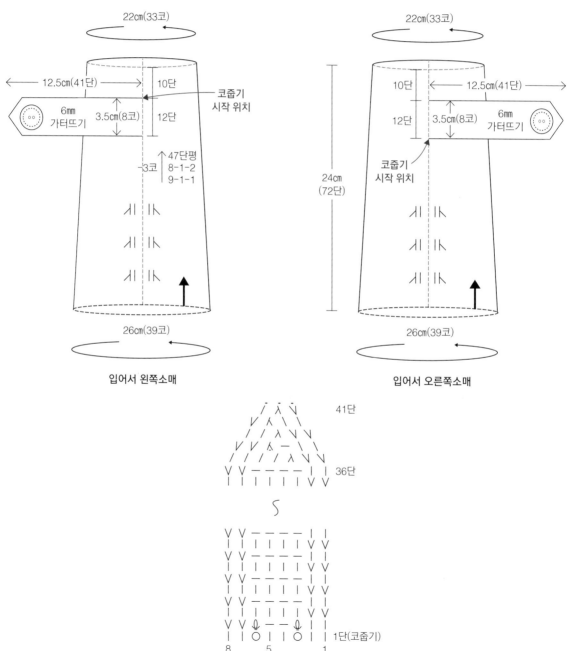

준비단 :

① 버림실에 옮겨놓았던 소매 35코를 바늘에 옮긴다.

② 버림실로 뜬 몸판 겨드랑이 5코의 사슬을 풀어 바늘에 옮긴다. 떠가는 방향
  이 반대이므로 양쪽 가장자리에 반코가 생겨 걸어올린 콧수는 6코가 된다.

③ 겨드랑이콧수의 반(3코)을 왼쪽바늘에 옮긴다.

1단 : 겨드랑이 중심에 새 실을 연결하여 겉2, 왼코겹치기, 겉7, 안1, 겉8, 안1,
겉8, 안1, 겉7, 오른코겹치기, 겉2. (전체=39코)

2, 4, 6, 8단 : 안10, 전단에 안1, 안8, 전단에 안1, 안8, 전단에 안1, 안10.

3, 5, 7 단 : 겉10, 안1, 겉8, 안1, 겉8, 안1, 겉10.

9단 : 겉1, 오른코겹치기, 겉7, 안1, 겉8, 안1, 겉8, 안1, 겉7, 왼코겹치기, 겉1.
(전체=37코)

10, 12, 14, 16단 : 안9, 전단에 안1, 안8, 전단에 안1, 안8, 전단에 안1, 안9.

11, 13, 15 단 : 겉9, 안1, 겉8, 안1, 겉8, 안1, 겉9.

17단 : 겉1, 오른코겹치기, 겉6, 안1, 겉8, 안1, 겉8, 안1, 겉6, 왼코겹치기, 겉
1. (전체=35)

18, 20, 22, 24 단 : 안8, 전단에 안1, 안8, 전단에 안1, 안8, 전단에 안1, 안8.

19, 21, 23단 : 겉8, 안1, 겉8, 안1, 겉8, 안1, 겉8.

25 단 : 겉1, 오른코겹치기, 겉5, 안1, 겉8, 안1, 겉8, 안1, 겉5, 왼코겹치기, 겉
1. (전체=33)

26단 : 안7, 전단에 안1, 안8, 전단에 안1, 안8, 전단에 안1, 안7.

27단 : 겉7, 안1, 겉8, 안1, 겉8, 안1, 겉7.

26, 27단을 반복하여 72단까지 뜬다.

겉뜨기를 뜨면서 코막음한다.

실을 15㎝ 남기고 자른다.

자른 실을 돗바늘에 꿰어 코막음한 첫코와 연결한다.

STEP 7
비죠 장식

6㎜ 줄바늘로 소매배래선에서 코를 주워 비죠장식을 뜨고 단추를 달아 마무리
한다. 가터뜨기에서 코를 주울 때는 2단마다 1코씩 줍는다.

입어서 왼쪽비죠

1단(겉면) : 6㎜ 줄바늘로 소매 끝단으로부터 10단 올라간 자리에서 시작하여

2코줍기, 바늘비우기, 2코줍기, 바늘비우기, 2코줍기. (전체=8코)

2단(안쪽면) : 안뜨기방향으로 2코 걸러뜨기, 꼬아걸뜨기, 겉2, 꼬아걸뜨기, 안2.

3단(겉면) : 겉뜨기방향으로 걸러뜨기1, 안뜨기방향으로 걸러뜨기1, 겉6.

4단(안쪽면) : 안뜨기방향으로 2코 걸러뜨기, 겉4, 안2.

3, 4단을 반복하여 36단까지 뜬다.

37단(겉면) : 겉뜨기방향으로 걸러뜨기1, 안뜨기방향으로 걸러뜨기1, 오른코겹치기, 겉4.

38단(안쪽면) : 안뜨기방향으로 2코 걸러뜨기, 오른코겹치기, 겉1, 안2.

39단(겉면) : 겉뜨기방향으로 걸러뜨기1, 안뜨기방향으로 걸러뜨기1, 오른코겹치기, 겉2.

40단(안쪽면) : 안뜨기방향으로 걸러뜨기1, 오른코겹치기, 안2.

41단(겉면) : 겉뜨기방향으로 걸러뜨기1, 오른코겹치기, 코막음, 겉1, 코막음.

실을 15㎝ 남기고 자른다.

자른 실은 돗바늘에 꿰어 비죠장식의 끝이 안쪽으로 들어가게 마무리한다.

단추(25㎜)를 달아 비죠를 고정시킨다.

입어서 오른쪽 비죠

소매 끝단으로부터 24단 올라간 자리에서 반대쪽과 같은 방법으로 코를 주워
비죠장식을 뜬다.

비죠 콧수는 8코.

비죠장식 완성.

05

변형
래글런 원피스와
넥워머

변형 래글런 원피스

톱다운으로 많이 뜨는 래글런 스타일의 변형으로 래글런선 코늘림 위치와 코늘림 횟수에 변화를 준 원피스이다. 일반적인 래글런 스타일은 소매와 몸통을 동시에 코늘림하는데, 이와 다르게 소매쪽 코는 늘리지 않고 몸판쪽 코만 늘린다. 그러므로 2단에 8코씩 늘리던 것을 몸판 좌우에서만 매단 4코씩 코늘림을 한다. 이렇게 하면 래글런선이 몸판의 중심에서부터 시작하고, 앞뒤에 자연스럽게 V네크라인이 생긴다.

환편뜨기로 매단을 코늘림할 때는 kfb(knit front and back of same stitch)로 늘려야 가장 안정적인 조직으로 뜰 수 있다.

사용실
PEACH

원피스
- PHIL NUAGE(phidar), 72% Merino Wool, 28% Polyamide
  #1464 피치, 50g(148m) 4볼

넥워머
- FOXY FOXYN(한국), 100% Polyester
  #276 다홍, 100g(65m) 1볼

사용실
BLUE

원피스
- PHIL NUAGE(phidar), 72% Merino Wool, 28% Polyamide
  #1447 라이트블루, 50g(148m) 4볼

넥워머
- FOXY FOXYN(한국), 100% Polyester
  #507 연회색, 100g(65m) 1볼

앞뒤가 같은 완성 작품

필요 도구

- 5.5mm 줄바늘 1개(40cm)
- 6mm 줄바늘 2개(40cm, 80cm)
- 8mm 줄바늘 1개(80cm)
- 10/0호(6mm), 7/0호(4mm) 코바늘
- 스티치 마커
- 버림실 조금

게이지

- PHIL NUAGE 6mm 메리야스뜨기 10㎠ = 18코 22단

나이

- 6~7세

완성 치수

- 가슴둘레 71cm
- 총기장 55cm

HOW TO
KNIT

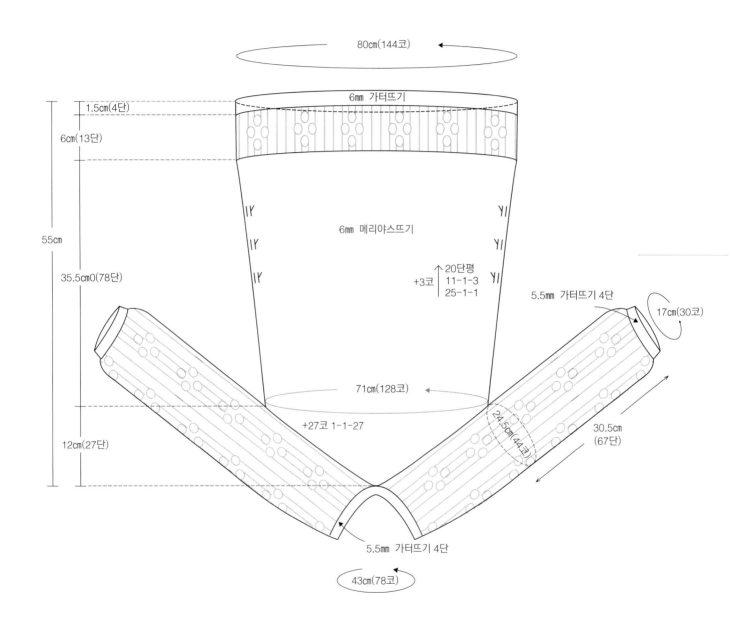

80cm(144코)

6mm 가터뜨기

1.5cm(4단)

6cm(13단)

6mm 메리야스뜨기

55cm

35.5cm0(78단)

↑20단평
11-1-3
25-1-1
+3코

5.5mm 가터뜨기 4단

17cm(30코)

71cm(128코)

24.5cm(44코)

30.5cm
(67단)

12cm(27단)

+27코 1-1-27

5.5mm 가터뜨기 4단

43cm(78코)

STEP 1
목 밴 드

준비단 : 5.5㎜ 줄바늘(40㎝)로 일반코잡기 78코를 잡는다. 목선이 늘어지지 않도록 살짝 타이트하게 잡는다.

1단 : 코 잡은 단이 꼬이지 않도록 주의하면서 환편뜨기로 전체 78코 안뜨기를 뜬다.

2단 : 겉78.

3단 : 안78.

4단 : 겉78.

STEP 2
래 글 런 선
코 늘 림

아래 사진처럼 소매와 몸판의 경계를 마커로 표시한다. 각각의 마커를 차례대로 M^1, M^2, M^3, M^4라고 한다.

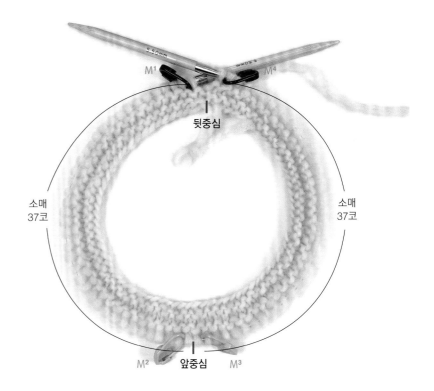

목밴드 완성.

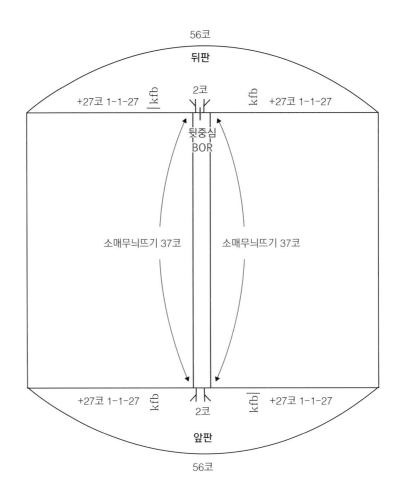

56코

뒤판

kfb   2코   kfb

+27코 1-1-27   +27코 1-1-27

뒷중심
BOR

소매무늬뜨기 37코   소매무늬뜨기 37코

+27코 1-1-27   kfb   2코   kfb   +27코 1-1-27

앞판

56코

* **kfb**(knit front and back of same stitch)
겉뜨기를 하면서 코를 빼지 않고 뒤쪽 고리에
한 번 더 겉뜨기.

소매 37코는 소매무늬 도안(115p.)대로 뜬다.

1단 : 6㎜ 줄바늘(40㎝)로 왼코늘리기, M^1, 소매무늬뜨기 37코, M^2, 오른코늘리기, 왼코늘리기, M^3, 소매무늬뜨기 37코, M^4, 오른코늘리기. (전체=82코)

2단 : kfb, 겉1, M^1, 소매무늬뜨기 37코, M^2, kfb, 겉1, kfb, 겉1, M^3, 소매무늬뜨기 37코, M^4, kfb, 겉1. (전체=86코)

3단 : 마커 2코 전까지 겉뜨기, kfb, 겉1, M^1, 소매무늬뜨기 37코, M^2, kfb, 마커 2코 전까지 겉뜨기, kfb, 겉1, M^3, 소매무늬뜨기 37코, M^4, kfb, 단 끝까지 겉뜨기.

3단을 반복하여 27단이 될 때까지 뜬다. (전체=186코)

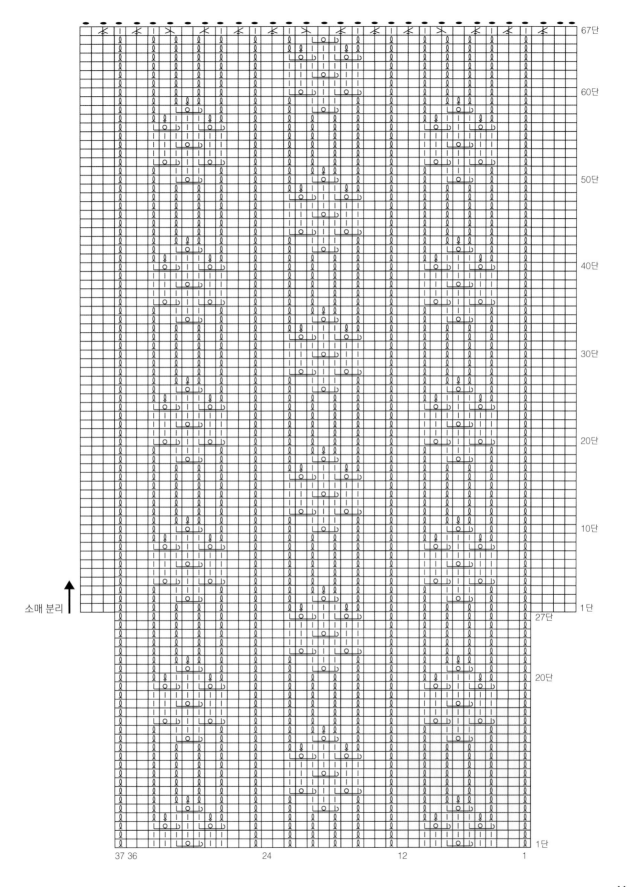

소매 분리 →

67단
60단
50단
40단
30단
20단
10단
1단
27단
20단
1단

37 36   24   12   1

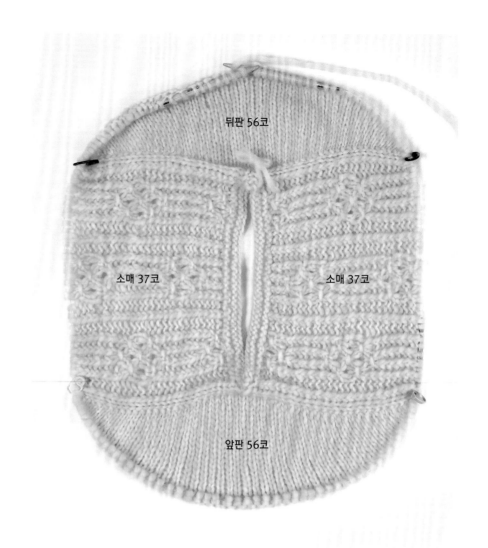

뒤판 56코

소매 37코 소매 37코

앞판 56코

래글런 코늘림이 모두 끝나면 전체 콧수는 186코.

앞뒤판으로 나누어 접은 상태.

STEP 3
소매 분리와
몸판

1단(소매 분리):

① 겉28.

② 소매에 해당하는 37코를 버림실에 옮겨 쉼코로 둔다.

③ 별도의 버림실과 코바늘로 겨드랑이콧수(8코)만큼 사슬코를 만든다.

④ 사슬코의 뒷산에서 8코를 줍는다.

⑤ 겉56.

⑥ ②, ③, ④를 반복한다.

⑦ 겉28.

몸판 총콧수는 앞판 56코+겨드랑이 8코+뒤판 56코+겨드랑이 8코=128코이다.

몸판과 소매 분리 완성.

겨드랑이 8코의 중심과 뒷중심에 버림실이나 마커를 끼워 옆선과 뒷중심을 표시한다.

2~24단: 겉128.

25단: 입어서 오른쪽옆선 2코 전까지 겉뜨기, 왼코늘리기, 겉2, 오른코늘리기, 반대쪽옆선 표시 2코 전까지 겉뜨기, 왼코늘리기, 겉2, 오른코늘리기, 뒷중심까지 겉뜨기. (전체=132코)

코늘림한 단을 마커로 표시한다.

26~35 단 : 겉132.

36 단 : 입어서 오른쪽옆선 2코 전까지 겉뜨기, 왼코늘리기, 겉2, 오른코늘리기, 반대쪽옆선 표시 2코 전까지 겉뜨기, 왼코늘리기, 겉2, 오른코늘리기, 뒷중심까지 겉뜨기. (전체=136코)

37~46 단 : 겉136.

47 단 : 입어서 오른쪽옆선 2코 전까지 겉뜨기, 왼코늘리기, 겉2, 오른코늘리기, 반대쪽옆선 표시 2코 전까지 겉뜨기, 왼코늘리기, 겉2, 오른코늘리기, 뒷중심까지 겉뜨기. (전체=140코)

48~57 단 : 겉140.

58 단 : 입어서 오른쪽옆선 2코 전까지 겉뜨기, 왼코늘리기, 겉2, 오른코늘리기, 반대쪽옆선 표시 2코 전까지 겉뜨기, 왼코늘리기, 겉2, 오른코늘리기, 뒷중심까지 겉뜨기. (전체=144코)

59~78 단 : 겉144.

옆선 코늘림이 끝나고 전체 콧수는 144코.

STEP 4

밑 단

밑단에는 들어가는 무늬는 12코 13단이 한 무늬로 총 12개의 무늬가 들어간다.

밑단무늬

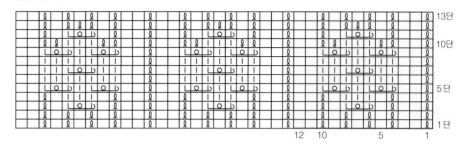

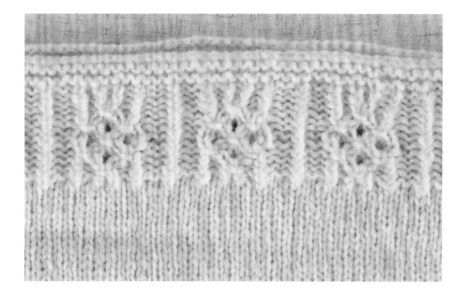

1 밑단무늬 도안대로 13단을 뜬다.

2 안144.

3 겉144.

4 안144.

5 겉뜨기로 뜨면서 코막음한다. 코막음이 쫀쫀해지지 않도록 주의한다.

6 실을 15cm 남기고 자른 후 자른 실에 돗바늘을 꿰어 코막음한 첫코와 연결한다.

밑단무늬 완성.

STEP 5
소 매

준비단 :

① 6㎜ 줄바늘(40㎝)로 버림실에 옮겨놓았던 소매 37코를 옮긴다.

② 버림실로 뜬 겨드랑이 사슬8코를 풀어 바늘에 옮긴다. 떠가는 방향이 반대
   이므로 양쪽 가장자리에 반코가 생겨 바늘에 걸리는 콧수는 9코가 된다.

③ 겨드랑이콧수 중 4코를 왼쪽바늘에 옮긴다.

1단 : 겨드랑이 중심에서 새 실을 연결하여 안4, 꼬아서 왼코겹치기, 소매무늬
35, 꼬아서 오른코겹치기, 안3. (전체=44코)

소매 시작 위치에 버림실을 끼워 소매배래 위치를 표시한다.

2~66단 : 안4, 소매무늬37, 안3.

67단 : 안2, 코막음, 안뜨기로 왼코겹치기, 코막음, 겉1, 코막음, 안뜨기로 왼코겹치기, 코막음, 겉1, 코막음, 왼코겹치기, 코막음, 안1, 코막음, 오른코겹치기, 코막음, 겉1, 코막음, 안뜨기로 왼코겹치기, 코막음, 겉1, 코막음, 안뜨기로 왼코겹치기, 코막음, 겉1, 코막음, 왼코겹치기, 코막음, 안1, 코막음, 오른코겹치기, 코막음, 겉1, 코막음, 안뜨기로 왼코겹치기, 코막음, 겉1, 코막음, 안뜨기로 왼코겹치기, 코막음, 겉1, 코막음, 왼코겹치기, 코막음, 안1, 코막음, 오른코겹치기, 코막음, 겉1, 코막음, 안뜨기로 왼코겹치기, 코막음, 겉1, 코막음, 안뜨기로 왼코겹치기, 코막음, 안1, 코막음, 마지막 코를 길게 늘여 실타래를 마지막 코 사이에 넣어 마감한다.

STEP 6
소매 밑단

1단 : 5.5㎜ 줄바늘(60㎝)로 코막음한 자리에서 코마다 코를 줍는다. (전체=30코)

2단 : 안30.

3단 : 겉30.

4단 : 안30.

겉뜨기를 뜨면서 코막음한다. 실을 15㎝ 남기고 자른다.
자른 실에 돗바늘을 꿰어 코막음한 첫코와 연결한다.

소매 완성.

방울장식 넥워머

원피스에 어울리는 방울이 달린 넥워머이다. 코가 잘 보이지 않는 실이어서 코가 빠지지 않
도록 주의한다. 방울 만들기는 털이 없는 실로 먼저 연습한 후에 작품실로 뜨면 실패하지 않
는다.

**HOW TO
KNIT**

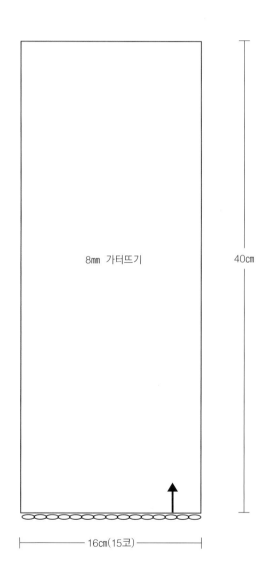

8mm 가터뜨기

40cm

16cm(15코)

STEP 1

넥 워 머

1 10/0호 코바늘과 굵은 버림실로 느슨하게 사슬15코를 만든다.

2 8mm 줄바늘과 FOXY FOXYN 실로 사슬코의 뒷산에서 15코를 줍는다.

3 가터뜨기로 40cm가 될 때까지 뜬다. 실을 30cm 남기고 자른다.

4 자른 실을 돗바늘에 꿰어 바늘에 있는 코를 모두 옮긴다. 실을 잡아당겨 오므린 후 매듭짓고 마무리한다.

5 반대쪽 사슬코를 1코씩 풀어 줄바늘에 옮긴다.

6 실꼬리에 돗바늘을 꿰어 바늘에 있는 코를 모두 옮긴다. 실을 잡아당겨 오므린 후 매듭짓고 마무리한다.

사슬코의 뒷산에서 15코를 주워 40cm까지 뜬다.

코들을 돗바늘에 옮긴 후 오므린다.

사슬코를 풀고 코들을 돗바늘에 옮겨 조인다.

넥워머를 반으로 접은 상태.

STEP 2
방울과 조임끈

1 10/0호 코바늘과 FOXY FOXYN 실로 도안대로 방울 2개를 만든다. 실 특성상 안쪽면의 실이 더 풍성해 보이므로 안쪽면을 겉면으로 한다. 작품실을 공모양으로 감아 방울심을 만들고 방울 속에 넣어 통통한 모양이 유지되게 한다.

2 작품실(PHIL NUAGE)을 100㎝ 정도 남기고 넥워머의 끝부분에 7/0호 코바늘을 걸어 이중사슬뜨기로 조임끈을 뜬다. 끈길이는 25㎝.

3 반대쪽도 같은 방법으로 조임끈을 뜬다. 끈길이는 30㎝.

4 조임끈을 방울 시작부분에 돗바늘로 연결한다.

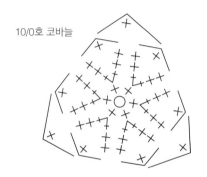

10/0호 코바늘

코바늘로 방울 2개를 만든다.

넥워머의 끝부분에 작품실을 연결하여
이중사슬뜨기를 뜬다.

돗바늘로 방울에 조임끈을 연결한다.

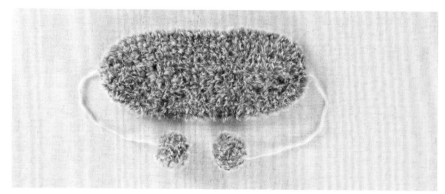

넥워머 완성.

06

리본장식
셔링 스웨터

리본장식 셔링 스웨터

목선에 리본장식이 들어간 요크 스타일 스웨터이다. 요크부분과 소매에 풍성한 셔링을 넣어 사랑스런 느낌을 살린 디자인이다. 셔링은 콧수를 많이 늘리면서 뜨기 때문에 최대한 가벼운 실을 사용하는 것이 포인트이다. 또한, 셔링모양을 유지하려면 코막음과 코늘림을 반복하여 셔링을 만들어야 한다. 목선 리본과 밑단은 아이코드로 뜬다.

사용실 **PINK**	• Kid Mohair(Roby), 80% Super Kid Mohair, 20% Polyamide #445 핑크, 25g(245m) 5볼

사용실 **YELLOW**	• Kid Mohair(Roby), 80% Super Kid Mohair, 20% Polyamide #392 옐로우, 25g(245m) 5볼

필요 도구

• 3.5mm 줄바늘 1개(80cm)
• 4mm 줄바늘 2개(40cm, 80cm)

게이지

• Kid Mohair 2겹 4mm 메리야스뜨기 10㎠ = 21코 29단

나이

• 6~7세

완성 치수

• 가슴둘레 76cm
• 총기장 39cm

완성 작품〈앞〉

완성 작품〈뒤〉

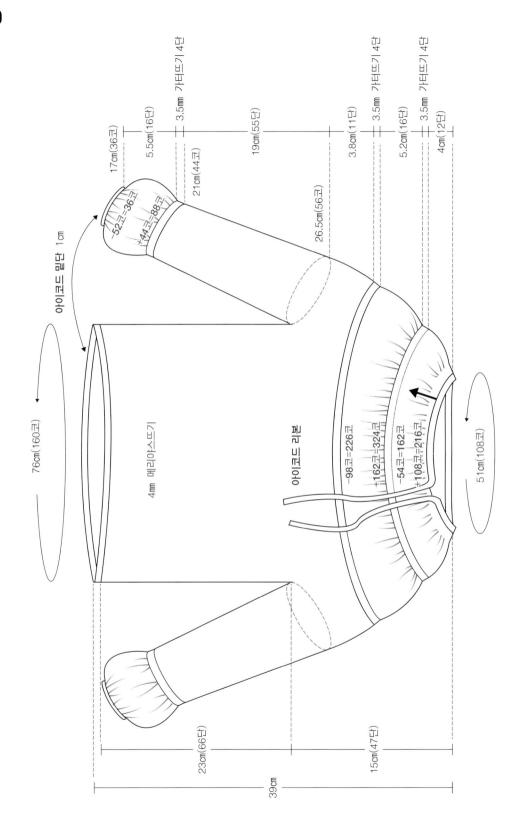

17cm(36코)
5.5cm(16단)
3.5㎜ 가터뜨기 4단
21cm(44코)
19cm(55단)
3.8cm(11단)
3.5㎜ 가터뜨기 4단
5.2cm(16단)
3.5㎜ 가터뜨기 4단
4cm(12단)

−52코=36코
+44코=88코

아이코드 밑단 1cm

26.5cm(56코)

76cm(160코)

4㎜ 메리야스뜨기

아이코드 리본

−98코=226코
+162코=324코
−54코=162코
+108코=216코

51cm(108코)

23cm(66단)
15cm(47단)
39cm

STEP 1

목 선 과

뒷 목 세 움

목선의 코를 잡고 환편뜨기로 한 단을 뜬 후, 되돌아뜨기로 뒷목세움 분량을
만든다. 옆목에서 1번, 2단마다 7코씩 2번 되돌아뜬다. 되돌아뜨기는 마커를
끼우고 뜨는 일본식 되돌아뜨기(Japanese Short Row)를 사용한다.

준비단 : Kid Mohair 2겹과 4㎜ 줄바늘(40㎝)로 일반코잡기 108코를 잡는다.

1 단 : 코 잡은 단이 꼬이지 않도록 주의하면서 겉뜨기로 1단을 뜬다.

아래 사진과 도안대로 전체 콧수를 2등분하여 앞판과 뒤판의 경계와 뒷중심에
마커를 끼워 표시한다. 환편뜨기의 시작 위치 ★(BOR=Beging Of Round)는 뒷
중심이 된다.

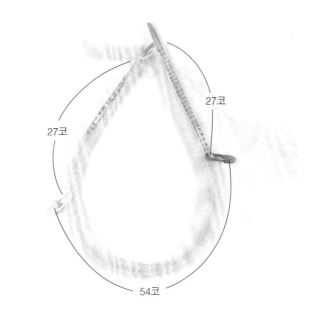

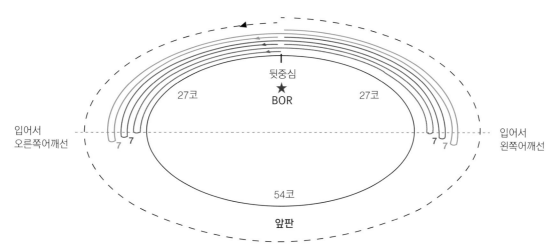

2단(되돌아뜨기) :

① **(겉면)** 겉27, 조직을 돌려 잡는다.

② **(안쪽면)** 1코를 안뜨기방향으로 빼고, 뜨던 실에 마커를 끼운다. 안26, 뒷중심 마커, 안27, 조직을 돌려 잡는다.

③ **(겉면)** 1코를 안뜨기방향으로 빼고, 뜨던 실에 마커를 끼운다. 겉26, 뒷중심 마커, 겉27, 다음 코와 마커에 걸린 실을 함께 겉뜨기, 겉6, 조직을 돌려 잡는다.

④ **(안쪽면)** 1코를 안뜨기방향으로 빼고, 뜨던 실에 마커를 끼운다. 안33, 뒷중심 마커, 안27, 다음 코와 마커에 걸린 실을 함께 안뜨기, 안6, 조직을 돌려 잡는다.

⑤ **(겉면)** 1코를 안뜨기방향으로 빼고, 뜨던 실에 마커를 끼운다. 겉33, 뒷중심 마커, 겉34, 다음 코와 마커에 걸린 실을 함께 겉뜨기, 겉6, 조직을 돌려잡는다.

⑥ **(안쪽면)** 1코를 안뜨기방향으로 빼고, 뜨던 실에 마커를 끼운다. 안40, 뒷중심 마커, 안34, 다음 코와 마커에 걸린 실을 함께 안뜨기, 안6, 조직을 돌려 잡는다.

⑦ **(겉면)** 1코를 안뜨기방향으로 빼고, 뜨던 실에 마커를 끼운다. 겉40, 뒷중심 마커, 겉41, 다음 코와 마커에 걸린 실을 함께 겉뜨기, 겉24, 다음 코와 마커에 걸린 실을 함께 겉뜨기, 겉41.

뒷목세움 완성. 뒷중심은 높고, 앞중심은 낮다.

STEP 2

1 번째 셔링

kfb로 코늘림하여 셔링 분량을 만들고, 8단평을 더 뜬 후에 코줄임하면서 코막음을 한다. 셔링모양을 잘 유지하려면, 코막음을 하고 코막음한 자리에서 다시 코를 주워야 한다. 그러므로 코막음이 너무 쫀쫀해지지 않도록 주의한다.

3 단 : kfb108. (전체=216코)

겉뜨기를 뜨지만 왼쪽바늘은 빼지 않는다.

같은 코의 뒤쪽에 다시 겉뜨기한다.

Kfb가 떠진 상태. 1코가 늘어난다.

* kfb(knit front and back of same stitch)
겉뜨기를 하면서 코를 빼지 않고 뒤쪽 고리에 한 번 더 겉뜨기.

4~11 단 : 겉216.

12 단 : 겉2, 코막음, 왼코겹치기, 코막음, [겉1, 코막음, 겉1, 코막음, 왼코겹치기, 코막음]×53회, 마지막 코를 길게 늘여 실타래를 마지막 코 사이에 넣고 잡아당겨 조인다.

1번째 셔링 완성.

13단 : 3.5㎜ 줄바늘(80㎝)로 코막음한 자리에서 코를 줍는다. (전체=162코)

14단 : 안162.

15단 : 겉162.

16단 : 안162.

17단 : 4㎜ 줄바늘로 겉뜨기하면서 느슨하게 코막음한다. 마지막 코를 길게 늘여 실타래를 마지막 코 사이에 넣고 잡아당겨 조인다.

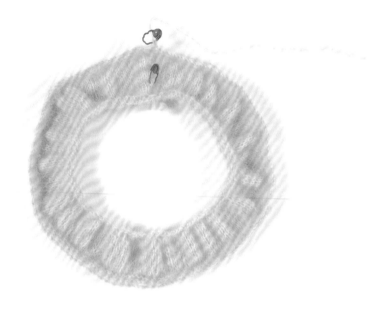

셔링 후 가터뜨기 완성.

STEP 3

2번째 셔링

코막음한 자리에서 코를 주우면서 동시에 바늘비우기로 코늘림하여 셔링 분량을 만들고, 13단평을 더 뜬 후에 코줄임하면서 코막음을 한다.

18단 : 3.5㎜ 줄바늘로 실을 안뜨기방향으로 놓고 코줍기×162회. (전체=324코)

19단 : 4㎜ 줄바늘로 [겉뜨기 꼬아뜨기1, 겉1]×162회.

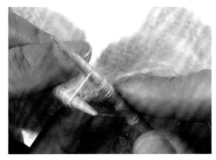

실을 안뜨기방향으로 놓고 코를 줍는다.　　겉뜨기 꼬아뜨기_ 코의 뒤쪽 루프에 겉뜨기를 한다.

20~31단: 겉324.

32단: 겉2, 코막음, 왼코겹치기, 코막음, 겉1, 코막음, 왼코겹치기, 코막음, 겉1, 코막음, 왼코겹치기, 코막음, [겉1, 코막음, 겉1, 코막음, 왼코겹치기, 코막음, 겉1, 코막음, 왼코겹치기, 코막음, 겉1, 코막음, 왼코겹치기, 코막음]×29회, [겉1, 코막음, 왼코겹치기, 코막음]×8회, 마지막 코를 길게 늘여 실타래를 마지막 코 사이에 넣고 잡아당겨 조인다.

2번째 셔링 완성.

33단 : 3.5㎜ 줄바늘로 코막음한 자리에서 코를 줍는다. (전체=226코)

34단 : 안226.

35단 : 겉226.

36단 : 안226.

37~47단 : 4㎜ 줄바늘로 겉226.

STEP 4

소매 분리와
몸판

아래 도안처럼 몸판과 소매의 경계부분에 마커를 걸어 표시한다.

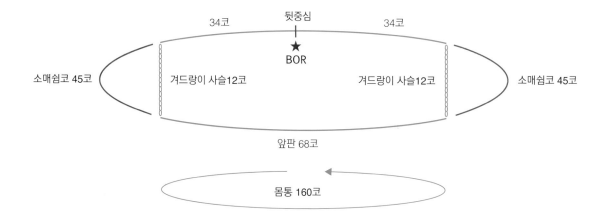

1단(소매 분리) :

① 겉34.

② 소매에 해당하는 45코를 버림실에 옮겨 쉼코로 둔다.

③ 별도의 버림실과 코바늘로 겨드랑이콧수(12코)만큼 사슬코를 만든다.

④ 사슬코의 뒷산에서 12코를 줍는다.

⑤ 겉68.

⑥ ②, ③, ④를 반복한다.

⑦ 겉34.

몸판의 총콧수는 앞판 68코+겨드랑이 12코+뒤판 68코+겨드랑이 12=160코이다.

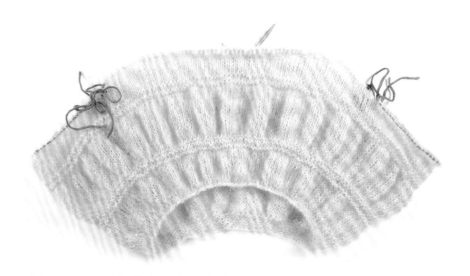

앞판에서 본 소매 분리 완성.

뒤판에서 본 소매 분리 완성.

소매 분리단에서부터 시작해 66단이 될 때까지 겉뜨기로 뜬다.
실을 15㎝ 남기고 자른다.

STEP 5
아이코드 밑단
마무리

1 버림실과 4/0호 코바늘로 사슬4코를 만든다.

2 4㎜ 줄바늘(40㎝)과 작품실로 사슬코의 뒷산에서 4코를 줍는다. 코들을 바늘의 반대방향으로 민다.

3 겉3, 다음 코와 몸판코를 오른코겹치기, 코들을 바늘의 반대방향으로 민다.

4 몸판코가 1코 남을 때까지 3을 반복한다. 실을 15㎝ 남기고 자른다.

5 사슬4코를 풀어서 바늘에 옮긴다. 바늘에 남아있는 4코씩을 서로 마주보게 놓는다.

6 돗바늘을 이용하여 메리야스잇기(Kitchner Stitch)로 잇는다. 마지막 코 메리야스잇기를 하기 전에 남은 몸판코를 돗바늘에 끼우고 마지막 메리야스잇기를 한다.

버림실로 잡은 사슬코의 뒷산에서 4코를 줍는다.

코들을 바늘의 반대방향으로 밀고 겉3, 다음 코와 몸판코를 오른코겹치기한다. 몸판에 1코가 남을 때까지 반복한다.

버림실로 잡은 사슬코를 풀어 바늘에 옮긴다.

바늘에 남아있는 4코를 나란히 놓고 메리야스잇기를 한다.

아이코드 밑단 완성

STEP 6
소 매

소매배래에서 8단마다 코줄임을 6번 하고, 55단까지 뜬 후에 가터뜨기 3단을 뜨고, 4번째단에서 코막음을 한다. 코막음한 자리에서 바늘비우기로 코늘림하여 셔링 분량을 만들고 단평으로 16단까지 뜬다. 다시 코줄임하여 소매셔링을 만든다. 마지막으로 아이코드로 소매 밑단을 마무리한다.

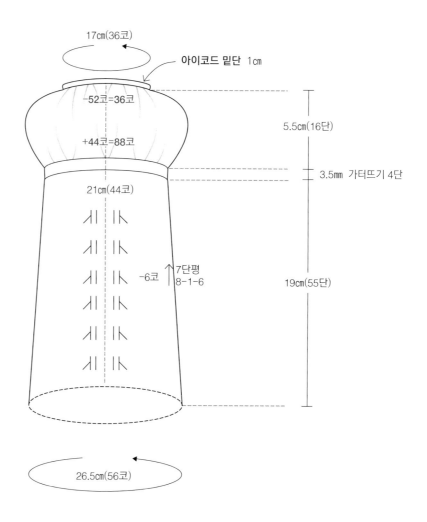

17cm(36코)

아이코드 밑단 1cm

−52코=36코

+44코=88코

5.5cm(16단)

3.5mm 가터뜨기 4단

21cm(44코)

−6코 ↑7단평 8-1-6

19cm(55단)

26.5cm(56코)

준비단:

① 버림실로 뜬 몸판 겨드랑이 12코의 사슬을 풀어 바늘에 옮긴다. 뜨는 방향이 반대이므로 양쪽 가장자리에 반코가 생겨 바늘에 걸리는 콧수는 13코가 된다.

② 4mm 줄바늘(40cm)로 버림실에 옮겨놓았던 소매 45코를 바늘에 옮긴다.

③ 겨드랑이콧수 중 7코를 오른쪽바늘에 옮긴다.

1단:겨드랑이 중심에서 새 실을 연결하여 겉5, 왼코겹치기, 겉43, 오른코겹치기, 겉6. (전체=56코)

소매 시작 위치에 버림실을 끼워 소매배래 위치를 표시한다.

2~7단:겉56.

8단:겉1, 오른코겹치기, 3코가 남을 때까지 겉뜨기, 왼코겹치기, 겉1. (전체=54코)

오른코겹치기한 코에 마커를 걸어 코줄임단을 표시한다.
다음 단을 뜰 때 오른코겹치기로 뜬 코는 꼬아서 뜬다.

9~15단:겉54.

16단:겉1, 오른코겹치기, 3코가 남을 때까지 겉뜨기, 왼코겹치기, 겉1. (전체=52코)

17~23단:겉52.

24단:겉1, 오른코겹치기, 3코가 남을 때까지 겉뜨기, 왼코겹치기, 겉1. (전체=50코)

25~31단:겉50.

32단:겉1, 오른코겹치기, 3코가 남을 때까지 겉뜨기, 왼코겹치기, 겉1. (전체=48코)

33~39단:겉48.

40단:겉1, 오른코겹치기, 3코가 남을 때까지 겉뜨기, 왼코겹치기, 겉1. (전체=46코)

41~47단:겉46.

48단:겉1, 오른코겹치기, 3코가 남을 때까지 겉뜨기, 왼코겹치기, 겉1. (전체=44코)

49~55단:겉44.

56단:3.5mm 줄바늘(40cm)로 안44.

57단:겉44.

58단:안44.

59단:4mm 줄바늘(40cm)로 겉뜨기하면서 코막음을 한다. 마지막 코를 길게 늘여 마지막 코 사이에 실타래를 넣고 잡아당겨 조인다.

소매배래 줄임 완성. 　　　　　　　　　소매 가터뜨기 완성.

60 단 : 3.5㎜ 줄바늘로, 실을 안뜨기방향으로 놓고 코줍기×44회. (전체=88코)

61 단 : 4㎜ 줄바늘(40㎝)로, [겉뜨기 꼬아뜨기1, 겉1]×44회.

62~75 단 : 겉88.

76 단 : 왼코겹치기×10회, 중심3코 모아뜨기×16회, 왼코겹치기×10회. (전체
=36코)

실을 15㎝ 남기고 자른다.

몸판의 아이코드 밑단 마무리와 같은 방법으로 소매 밑단을 뜬다.

소매셔링 완성.

STEP 7
목선의 아이코드
리본장식

아이코드로 리본을 만들어 목선에 연결한다.

아래 사진처럼 앞목선 1/4 지점에 1㎝ 간격으로 2개의 마커를 달아 리본 위치를 표시한다.

1 4㎜ 줄바늘로 일반코잡기 4코를 잡는다.

2 코들을 바늘의 반대방향으로 민다.

3 겉4, 코들을 바늘의 반대방향으로 민다.

4 3을 반복하여 아이코드가 25㎝가 될 때까지 뜬다.

5 겉3, 겉뜨기방향으로 걸러뜨기, 목선의 왼쪽마커 위치에 바늘을 넣어 1코를 줍는다. 걸러뜬 코로 덮어씌운다. 코들을 바늘의 반대방향으로 민다.

6 겉3, 겉뜨기방향으로 걸러뜨기, 목선에서 1코를 줍는다. 걸러뜬 코로 덮어씌운다. 코들을 바늘의 반대방향으로 민다.

7 6을 반복하여 반대쪽 마커가 있는 곳까지 아이코드를 연결한다.

8 겉4, 코들을 바늘의 반대방향으로 민다.

9 8을 반복하여 아이코드가 24㎝가 될 때까지 뜬다.

10 겉뜨기를 하면서 코막음한다. 실을 10㎝ 남기고 자른다.

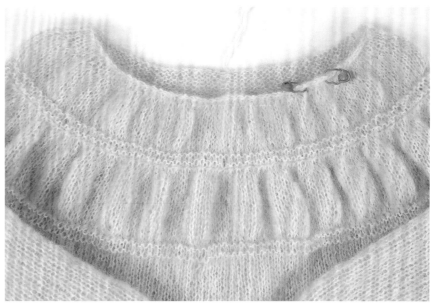

앞목선 1/4 지점에 리본 위치를 마커로 표시한다.

아이코드로 24㎝ 뜬 후 왼쪽마커 위치에서
1코를 줍고, 아이코드 마지막 코로 덮어씌운다.

오른쪽마커 위치까지 아이코드를 연결한다.

아이코드를 23㎝ 뜨고 코막음한다.

아이코드 리본장식 완성.

07

투웨이 스커트와
레그워머

투웨이 스커트

투웨이 스커트는 허리밴드가 길고 조임끈이 있어 스커트와 미니 판초로 활용할 수 있다. 허리 조임끈은 스커트를 허리선에 고정시켜주고, 판초로 입을 땐 목선에 맞게 사이즈를 조절해주는 기능을 한다. 환편으로 뜨기 때문에 옆선무늬가 깨지지 않고, 분산 코늘림으로 무늬를 그대로 유지하면서 사이즈가 커지므로 스커트 라인이 자연스럽다. 레그워머는 스커트와 함께 신으면 보온성을 높여주고, 판초로 입을 땐 바지 위에 신어 색다르게 코디해본다.

사용실
WHITE

- PHIL CARESSE(Phildar), 51% Acrylic, 49% Poliamide
  ECRU 흰색, 50g(146m) 8볼(스커트 6볼, 레그워머 2볼)
  Metal 흰색 1볼

사용실
BLACK

- PHIL CARESSE(Phildar), 51% Acrylic, 49% Poliamide
  NOIR 검정색, 50g(146m) 8볼(스커트 6볼, 레그워머 2볼)
  Metal 검정색 1볼

필요 도구

- 3.5mm 줄바늘 1개(40cm)
- 5mm 줄바늘 2개(40cm, 80cm)
- 4/0호, 5/0호 코바늘
- 스티치 마커
- 버림실 조금

- 4mm 줄바늘 1개(40cm)
- 5.5mm 줄바늘 1개(40cm)

완성 작품 〈앞〉　　　　　　　　　　　　　　　　완성 작품 〈뒤〉

게 이 지

스커트

- PHIL CARESSE 2겹+메탈사, 5mm 메리야스뜨기 10㎠=17코 24단, 무늬뜨기 10㎠=20코 24단

레그워머

- PHIL CARESSE 1겹+메탈사, 3.5mm 메리야스뜨기 10㎠=23코 33단, 무늬뜨기 10㎠=25코 35단

나 이

- 7~8세

완 성 치 수

스커트

- 허리둘레 60㎝
- 엉덩이둘레 90㎝
- 총기장 40㎝

레그워머

- 둘레 27㎝
- 길이 32.5㎝

HOW TO
KNIT

미니 판초로 입을 때는 롤칼라 형태가 되므로, 허리밴드의 시작은 몸판보다 큰 치수의 바늘을 사용한다. 허리밴드의 중간부분은 스커트를 허리에 고정시키는 기능을 해야 하므로 작은 바늘을 사용하여 쫀쫀하게 뜬다.

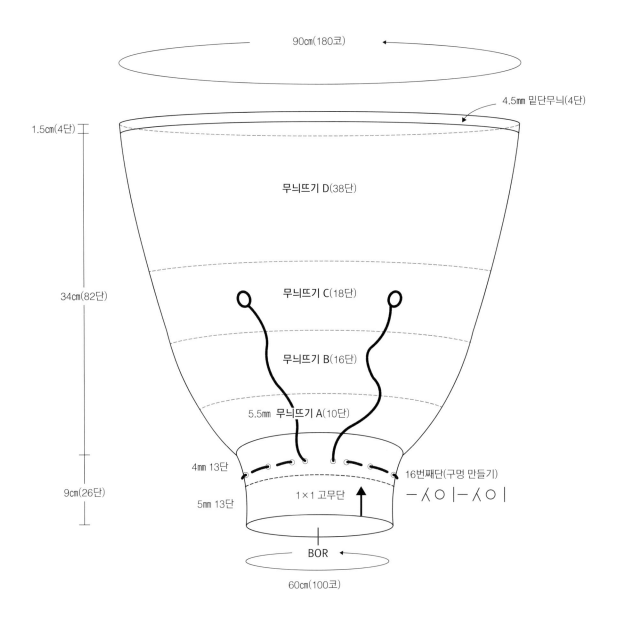

90cm(180코)

4.5mm 밑단무늬(4단)

1.5cm(4단)

무늬뜨기 D(38단)

무늬뜨기 C(18단)

무늬뜨기 B(16단)

34cm(82단)

5.5mm **무늬뜨기** A(10단)

4mm 13단

16번째단(구멍 만들기)

─人○│─人○│

9cm(26단)

5mm 13단

1×1 고무단

BOR

60cm(100코)

STEP 1
허리밴드

준비단 : 5.5㎜ 줄바늘(40㎝)과 PHIL CARESSE 2겹+메탈사를 이용하여 일반코 잡기 100코를 잡는다.

1단 : 5㎜ 줄바늘(40㎝)로 코 잡은 단이 꼬이지 않도록 주의하면서 [겉1, 안1]×50회.

2~13단 : [겉1, 안1]×50회.

14~15단 : 4㎜ 줄바늘(40㎝)로, [겉1, 안1]×50회.

16단 : [겉1, 바늘비우기, 왼코겹치기, 안1]×25회.

17~26단 : [겉1, 안1]×50회.

뒷중심에 마커를 걸어 표시한다.

허리밴드 완성.

STEP 2
무늬뜨기와
분산 코늘림

무늬뜨기는 A, B, C, D 4개의 무늬로 구성한다. 각 무늬뜨기의 1번째 단에 안 뜨기로 코를 늘리면서 자연스럽게 분산 코늘림이 된다. 무늬 A는 12코 한 무늬로 총 10무늬가 들어간다. B는 14코, C는 16코, D는 18코가 한 무늬이다. 스커트 밑단은 신축성 있는 코막음(Stretchy Bind Off)으로 한다.

1 단 : 5㎜ 줄바늘(80㎝)로, 무늬뜨기 A. (전체=120코)

2~10 단 : 무늬뜨기 A. (전체=120코)

11~26 단 : 무늬뜨기 B. (전체=140코)

27~44 단 : 무늬뜨기 C. (전체=160코)

45~82 단 : 무늬뜨기 D. (전체=180코)

버블무늬뜨기

1 버블표시가 있는 코에 바늘을 넣어 코를 줍는다.

2 실을 안뜨기방향으로 놓는다.

3 같은 코에서 바늘을 넣어 코를 줍는다. 1코가 3코가 된다.

4 방금 만든 3코만, 안쪽면이 보이도록 돌려 잡고 안뜨기로 뜬다.

5 겉면이 보이도록 돌려 잡고 중심3코 모아뜨기를 한다. 2코를 겉뜨기방향으로 빼고, 다음 코를 겉뜨기한 후 뺀 코로 덮어씌운다.

6 버블무늬 완성.

밑단무늬
6코 1무늬

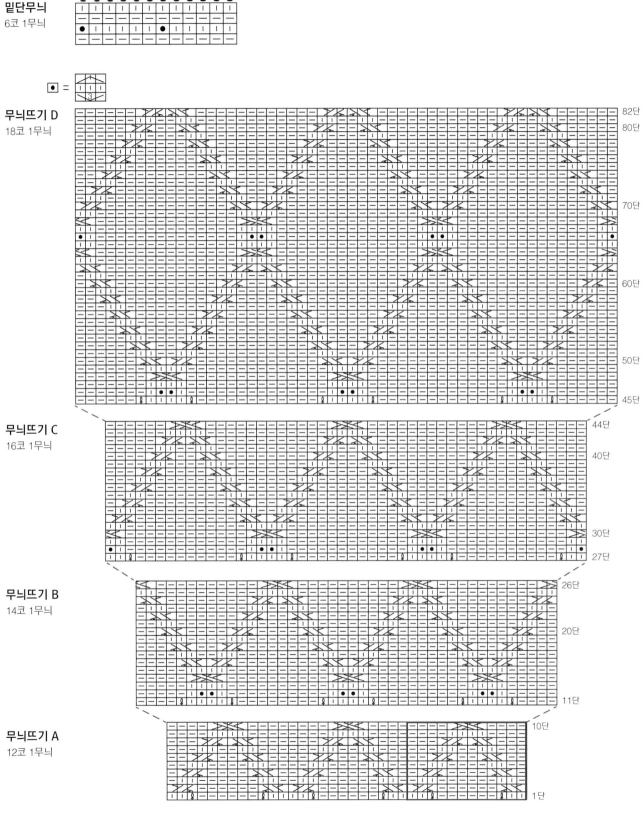

● = 3

무늬뜨기 D
18코 1무늬

82단
80단

70단

60단

50단

45단

무늬뜨기 C
16코 1무늬

44단

40단

30단

27단

무늬뜨기 B
14코 1무늬

26단

20단

11단

무늬뜨기 A
12코 1무늬

10단

1단

♀ = m1p : 코와 코 사이에서 안뜨기 꼬아뜨기로 1코를 늘린다.

STEP 3
스커트 밑단

1단 : 4.5㎜ 줄바늘(80㎝)로 안180.

2단 : [겉5, 버블무늬]×30회.

3단 : 안180.

4단(Stretchy Bind Off) : 겉1, 겉뜨기 뜬 코를 왼쪽바늘에 안뜨기방향으로 옮긴다. 옮긴 코와 다음 코의 뒤쪽 루프에 바늘을 넣어 함께 겉뜨기, [뜬 코를 왼쪽바늘에 안뜨기방향으로 옮긴다. 옮긴 코와 다음 코의 뒤쪽 루프에 바늘을 넣어 함께 겉뜨기]×179회.

실을 15㎝ 남기고 자른다.
자른 실에 돗바늘을 꿰어 코막음한 첫코와 연결한다.

1 겉뜨기 1코를 뜨고, 뜬 코를 왼쪽바늘에 옮긴다.

2 옮긴 코와 다음 코의 뒤쪽루프에 바늘을 넣어 함께 겉뜨기로 뜬다.

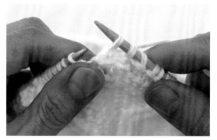

3 뜬 코를 다시 왼쪽바늘에 옮긴다.

4 2, 3을 반복한다.

무늬뜨기와 밑단무늬 완성.

STEP 4
허리 조임끈

허리 조임끈은 스커트를 지탱할 수 있어야 하므로 이중사슬뜨기로 튼튼하게 만들고, 시작과 끝 부분에 원형을 만들어 끈이 빠지지 않게 한다.

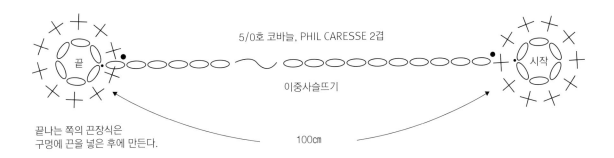

5/0호 코바늘, PHIL CARESSE 2겹

이중사슬뜨기

100cm

끝나는 쪽의 끈장식은
구멍에 끈을 넣은 후에 만든다.

1 4.5m의 실을 남기고, PHIL CARESSE 2겹과 5/0호 코바늘로 사슬6코로 원을 만들고, 원 안에 짧은뜨기 10코를 뜬다. 시작 첫코에 빼뜨기한다.

2 4.5m 남겨 놓은 실을 코바늘 앞에서 뒤로 1번 감아서 이중사슬뜨기로 1m가 될 때까지 뜬다. 뜨던 실을 1m 남기고 자른다.

3 자른 실을 돗바늘에 꿰어 조임끈을 스커트 허리밴드에 끼운다. 앞중심부터 시작한다.

4 이중사슬뜨기의 마지막 코에 다시 코바늘을 끼워 사슬6코로 원을 만들고, 원안에 짧은뜨기 10코를 뜬다.

5 실을 15cm 남기고 자른 후, 자른 실에 돗바늘을 꿰어 마무리한다.

허리 조임끈 완성.

허리 조임끈을 리본으로 묶은 상태.

레그워머

다리가 굵어 보이지 않게 실은 PHIL CARESSE 1겹+메탈사를 사용한다. 무늬는 스커트와
같은 무늬로 통일감을 주었는데, 다리가 두꺼워 보이지 않게 버블무늬만 빼고 뜬다. 레그워
머의 조임끈은 흘러내리지 않게 사이즈를 조절하는 기능과 장식의 기능이 있다. 발목부분에
서는 코를 줄여 레그워머가 흘러내려 바닥에 끌리지 않게 한다.

HOW TO
KNIT

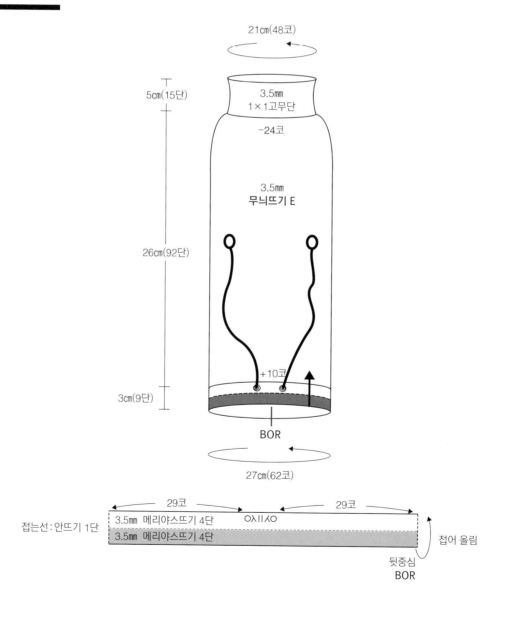

21cm(48코)

5cm(15단)

3.5mm
1×1고무단

-24코

3.5mm
무늬뜨기 E

26cm(92단)

+10코

3cm(9단)

BOR

27cm(62코)

29코   29코

접는선: 안뜨기 1단

3.5mm 메리야스뜨기 4단   Oㅅ||ㅅO

3.5mm 메리야스뜨기 4단   접어 올림

뒷중심
BOR

STEP 1

조임끈과
조임단

조임끈

PHIL CARESSE 1겹과 4/0호 코바늘로 도안처럼 조임끈을 뜬다.

1 사슬6코, 첫코에 빼뜨기로 원형을 만든다.
2 원형 안에 짧은뜨기 10코를 뜬 후, 첫번째 짧은뜨기에서 빼뜨기한다.
3 끈길이가 50㎝가 될 때까지 사슬뜨기를 한다. 실을 70㎝ 남기고 자른다.

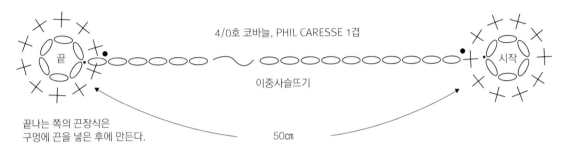

조임단

1 5/0호 코바늘과 버림실로 사슬62코를 뜬다.
2 PHIL CARESSE 1겹+메탈사와 3.5㎜ 줄바늘(40㎝)로 사슬코의 뒷산에서 62코를 줍는다.
3 코 주운 단이 꼬이지 않게 주의하면서 겉뜨기로 3단을 뜬다.
4 안뜨기 1단.
5 겉뜨기 2단.
6 겉29, 바늘비우기, 왼코겹치기, 오른코겹치기, 바늘비우기, 겉29.
7 겉뜨기 1단.
8 버림실을 풀어 62코를 별도의 바늘에 걸어준다.
9 조임단 구멍에 조임끈을 넣는다.
10 조임끈이 조임단 사이에 끼워지도록 놓고, 2개의 바늘을 겹쳐서 함께 겉뜨기로 뜬다.
11 조임끈 사슬뜨기의 마지막 코에 다시 코바늘을 끼워 사슬6코로 원을 만들고, 원 안에 짧은뜨기 10코를 뜬다.
12 실을 15㎝ 남기고 자른다. 자른 실에 돗바늘을 꿰어 마무리한다.

사슬에서 코를 주워 겉뜨기 4단,
안뜨기 1단을 뜬다.

겉2단, 조임끈 구멍, 겉1단을 뜨고,
사슬코를 풀어 별도의 바늘에 옮긴다.

조임끈을 조임끈 구멍에 끼운다.

조임단을 반으로 접어 조임끈을 사이에 넣고,
2개 바늘에 있는 코들을 함께 겉뜨기로 뜬다.

조임끈과 조임단 완성.

STEP 2
무늬뜨기

무늬뜨기 E

무늬뜨기 E는 36코 한 무늬로 총 2개 무늬가 들어간다.

도안대로 1~92단 무늬뜨기를 한다.

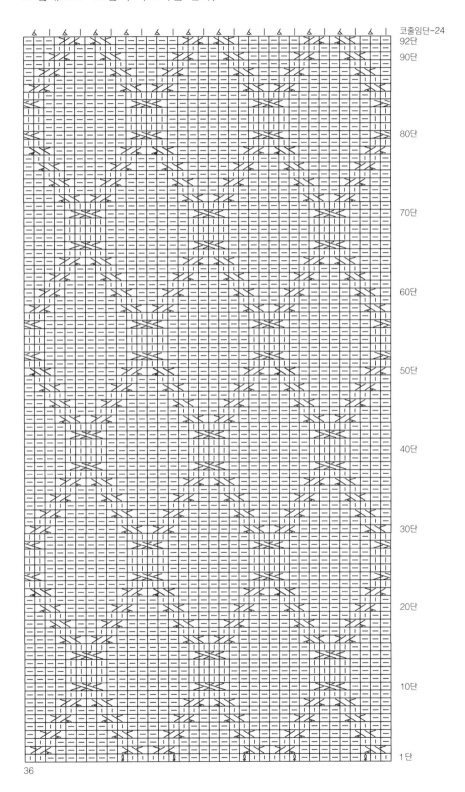

$Ⅰ$ = m1p : 코와 코 사이에서 안뜨기 꼬아뜨기로
1코를 늘린다.

STEP 3
레그워머 밑단

1단 : [겉1, 2코 같이 안뜨기]×24회. (전체=48코)
2~15단 : [겉1, 안1]×24회.

실을 50㎝ 남기고 자른다.
자른 실에 돗바늘을 꿰어 짐머만식 코막음한다.

짐머만식 코막음

왼쪽에서 2번째 코는 앞에서 뒤로, 1번째 코는 뒤에서 앞으로 돗바늘을 꽂는다. 실이 바늘보다 위에 놓이게 하고, 2코를 대바늘에서 뺀다.

바늘에 걸린 코는 앞에서 뒤로, 앞코는 뒤에서 앞으로 돗바늘을 꽂는다. 실이 바늘보다 위에 놓이게 하고, 1코를 대바늘에서 뺀다. 단의 끝까지 반복한다.

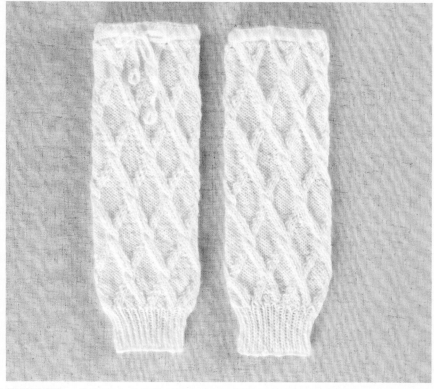

레그워머 완성.

08

컨티규어스
오픈 베스트

컨티규어스 오픈 베스트

컨티규어스 기법(Contiguous Method)이란 서로 인접한 앞뒤판을 코늘림으로 완성하는 톱 다운 뜨개방법이다. 목둘레선을 뜬 후 옆목부분에서 매단 코늘림을 통해 어깨경사와 앞판, 뒤판을 만든다. 어깨선에 시접이 없어 투박하지 않고, 소매가 없어 코트나 점퍼 안에 방한용 이너로 입기 좋으며, 옆선이 오픈되어 있어서 두꺼운 실을 사용했는데도 불구하고 답답한 느 낌이 없다. 같은 디자인에 하나는 끈여밈으로, 또 다른 하나는 비죠여밈으로 변화를 주었다.

사용실
BEIGE

끈여밈 베스트

· NEBULEUSE(Phildar), 41% Wool, 41% Acryic, 18% Polyamid
#05 라이트베이지 50g(51m) 6볼

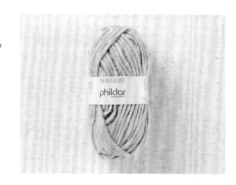

사용실
BLUE

비죠여밈 베스트

· NEBULEUSE(Phildar), 41% Wool, 41% Acryic, 18% Polyamid
#02 다크블루50g(51m) 6볼

필요 도구

· 7mm 줄바늘 2개(40cm, 80cm)
· 8/0호 코바늘
· 스티치 마커
· 단추(25mm) 2개(비죠여밈)

완성 작품 〈앞〉　　　　　　　　　　완성 작품 〈뒤〉

게이지	• NEBULEUSE 7mm 메리야스뜨기 10cm² = 11코 16단
나이	• 7~9세
완성 치수	• 가슴둘레 76cm • 총기장 56cm

HOW TO
KNIT

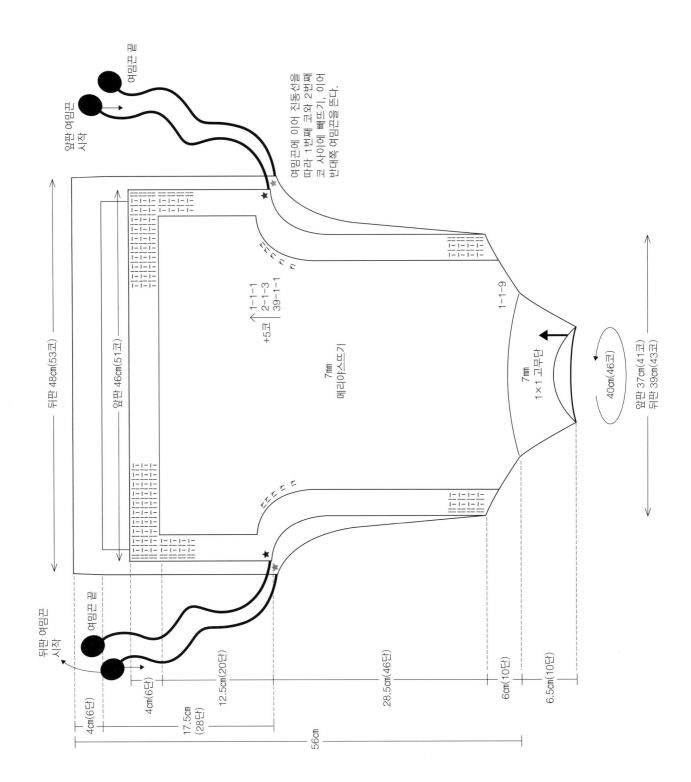

앞편 여밈끈 시작

여밈끈 끝

뒤편 여밈끈 시작

여밈끈 끝

여밈끈에 이어 진동선을
따라 1번째 코와 2번째
코 사이에 빼뜨기, 이어
반대쪽 여밈끈을 뜬다.

+5코 | 1-1-1
| 2-1-3
39-1-1

1-1-9

뒤편 48cm(53코)

앞편 46cm(51코)

7mm
메리야스뜨기

7mm
1×1 고무단

40cm(46코)

앞편 37cm(41코)
뒤편 39cm(43코)

4cm(6단)

4cm(6단)

17.5cm
(28단)

12.5cm(20단)

28.5cm(46단)

6cm(10단)

6.5cm(10단)

56cm

STEP 1

목밴드와 뒷목세움

두꺼운 실을 사용하기 때문에 목부분이 답답해지지 않도록 몸판과 같은 굵기의 바늘을 사용하여 목밴드를 뜬다. 1코고무단을 환편뜨기로 8단 뜬 후 되돌아뜨기로 뒷목세움을 만든다. 고무단 되돌아뜨기는 Wrap & Turn을 사용한다.

준비단: 7㎜ 줄바늘(40㎝)로 일반코잡기 46코를 잡는다. 목선이므로 코를 너무 촘촘하게 잡지 않도록 주의한다.

1단: 코 잡은 단이 꼬이지 않게 주의하면서 [겉1, 안1]×23회.

2단~8단: [겉1, 안1]×23회.

전체 콧수를 2등분하여 앞판과 뒤판의 경계에 마커를 끼워 표시한다.

환편뜨기의 시작 위치 ★(BOR=Beging Of Round)는 뒷중심이 된다.

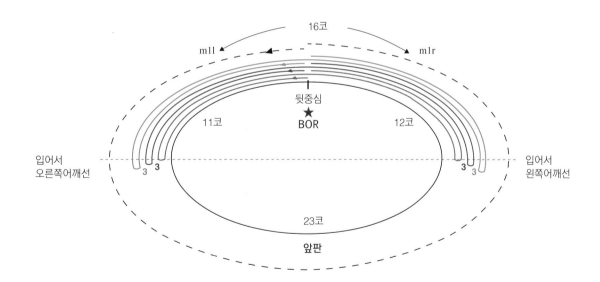

9단(되돌아뜨기) :

① [겉1, 안1]×5회, 겉1, 실을 안뜨기방향으로 놓고, 다음 코를 오른쪽바늘로 옮긴다. 뜨던 실로 옮긴 코를 둘러준 후 다시 왼쪽바늘로 옮긴다. 조직을 돌려 잡는다. (Wrap & Turn)

② [안1, 겉1]×11회, 안1, 실을 겉뜨기방향으로 놓고, 다음 코를 오른쪽바늘로 옮긴다. 뜨던 실로 옮긴 코를 둘러준 후 다시 왼쪽바늘로 옮긴다. 조직을 돌려 잡는다. (Wrap & Turn)

③ [겉1, 안1]×11회, 겉1, 코에 둘러진 실과 함께 안1, 겉1, 안1, 실을 겉뜨기 방향으로 놓고, 다음 코를 오른쪽바늘로 옮긴다. 뜨던 실로 옮긴 코를 둘러준 후 다시 왼쪽바늘로 옮긴다. 조직을 돌려 잡는다. (Wrap & Turn)

④ [겉1, 안1]×13회, 코에 둘러진 실과 함께 겉1, 안1, 겉1, 실을 안뜨기방향으로 놓고, 다음 코를 오른쪽바늘로 옮긴다. 뜨던 실로 옮긴 코를 둘러준 후 다시 왼쪽바늘로 옮긴다. 조직을 돌려 잡는다. (Wrap & Turn)

⑤ [안1, 겉1]×14회, 안1,코에 둘러진 실과 함께 겉1, 안1, 겉1, 실을 안뜨기방향으로 놓고, 다음 코를 오른쪽바늘로 옮긴다. 뜨던 실로 옮긴 코를 둘러준 후 다시 왼쪽바늘로 옮긴다. 조직을 돌려 잡는다. (Wrap & Turn)

⑥ [안1, 겉1]×16회, 코에 둘러진 실과 함께 안1, 겉1, 안1, 실을 겉뜨기방향 으로 놓고, 다음 코를 오른쪽바늘로 옮긴다. 뜨던 실로 옮긴 코를 둘러준 후 다시 왼쪽바늘로 옮긴다. 조직을 돌려 잡는다. (Wrap & Turn)

⑦ [겉1, 안1]×9회.

뒷목세움이 끝난 목밴드.

STEP 2
컨티규어스
기법으로
몸판과 어깨경사
만들기

좌우 옆목점에서 kfb로 매단 앞판과 뒤판 코늘림하며 어깨경사를 뜬다. 첫째단에서는 뒷목세움의 마지막 되돌아뜨기를 정리하고 동시에 뒷목에서 코를 늘려 뒷목곡선을 만든다.

1 단 : 겉8, m1l, 겉9, 코에 둘러진 실과 함께 겉1, 겉9, 코에 둘러진 실과 함께 겉1, 겉10, m1r, 겉8. (전체=48코)

옆목을 마커로 표시한다.

2 단 : 겉10, kfb, 겉1, 마커, kfb, 겉20, kfb, 겉1, 마커, kfb, 겉12. (전체=52코)
3 단 : 겉11, kfb, 겉1, 마커, kfb, 겉22, kfb, 겉1, 마커, kfb, 겉13. (전체=56코)
4 단 : 겉12, kfb, 겉1, 마커, kfb, 겉24, kfb, 겉1, 마커, kfb, 겉14. (전체=60코)
5 단 : 겉13, kfb, 겉1, 마커, kfb, 겉26, kfb, 겉1, 마커, kfb, 겉15. (전체=64코)
6 단 : 겉14, kfb, 겉1, 마커, kfb, 겉28, kfb, 겉1, 마커, kfb, 겉16. (전체=68코)
7 단 : 겉15, kfb, 겉1, 마커, kfb, 겉30, kfb, 겉1, 마커, kfb, 겉17. (전체=72코)
8 단 : 겉16, kfb, 겉1, 마커, kfb, 겉32, kfb, 겉1, 마커, kfb, 겉18. (전체=76코)
9 단 : 겉17, kfb, 겉1, 마커, kfb, 겉34, kfb, 겉1, 마커, kfb, 겉19. (전체=80코)
10 단 : 겉18, kfb, 겉1, 마커, kfb, 겉36, kfb, 겉1, 마커, kfb, 겉20. (전체=84코)

kfb로 어깨코가 늘어난 모습.

어깨경사 완성. 앞판 41코.

STEP 3
앞뒤판 분리와
진동늘림

뒤판 분리

1단(겉면) : 겉21, 다음 41코를 별도의 바늘에 옮겨놓는다. (전체=43코)

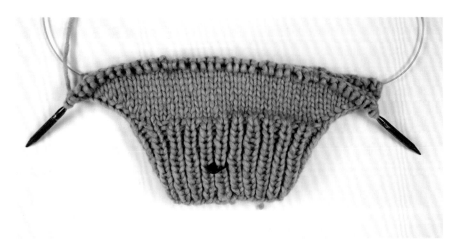

앞뒤판이 분리된 상태. 뒤판 43코.

2단(안쪽면) : 안2, 겉1, 안1, 겉1, 5코 남을 때까지 안뜨기, 겉1, 안1, 겉1, 안2. 마커로 첫째단을 표시한다.

3단(겉면) : 겉43.

2, 3단을 반복하여 38단까지 뜬다.

뒤판 진동늘림 전까지 떠진 상태.

뒤판 진동늘림

39단(겉면) : 겉6, 오른코늘리기, 7코 남는 자리까지 겉뜨기, 왼코늘리기, 겉6. (전체=45코)

40, 42, 44단(안쪽면) : 안2, 겉1, 안1, 겉1, 5코 남을 때까지 안뜨기, 겉1, 안1, 겉1, 안2.

41단(겉면) : 겉6, 오른코늘리기, 7코 남는 자리까지 겉뜨기, 왼코늘리기, 겉6. (전체=47코)

43단(겉면) : 겉6, 오른코늘리기, 7코 남는 자리까지 겉뜨기, 왼코늘리기, 겉6. (전체=49코)

45단(겉면) : 겉6, 오른코늘리기, 7코 남는 자리까지 겉뜨기, 왼코늘리기, 겉6. (전체=51코)

46단(안쪽면) : 안2, 겉1, 안1, 겉1, 안1, 안뜨기로 오른코 늘리기, 7코 남을 때까지 안뜨기, 안뜨기로 왼코늘리기, 안1, 겉1, 안1, 겉1, 안2. (전체=53코)

마지막 코늘림 단의 좌우 끝코에 마커를 걸어 조임끈을 연결할 위치를 표시한다.

진동늘림 완성.

뒤판 진동 아래와 밑단

1단(겉면): 겉53.

2단(안쪽면): 안2, 겉1, 안1, 겉1, 5코 남을 때까지 안뜨기, 겉1, 안1, 겉1, 안2.

1, 2단을 반복하여 28단까지 뜬다.

29, 31, 33단(겉면): 겉53.

30, 32, 34단(안쪽면): 안2, [겉1, 안1]×24회, 겉1, 안2.

첫코를 겉뜨기방향으로 걸러주고, 나머지 코는 겉뜨기로 뜨면서 코막음한다. 실을 15㎝ 남기고 자른 후 돗바늘을 이용하여 옆선에 연결한다.

앞판 분리

1단(겉면): 새 실을 연결하여 겉41, 마커로 첫째단을 표시한다.

2단(안쪽면): 안2, 겉1, 안1, 겉1, 5코 남을 때까지 안뜨기, 겉1, 안1, 겉1, 안2.

3단(겉면): 겉41.

2, 3단을 반복하여 38단까지 뜬다.

앞판 진동늘림

39단(겉면): 겉6, 오른코늘리기, 7코 남는 자리까지 겉뜨기, 왼코늘리기, 겉6. (전체=43코)

40, 42, 44단(안쪽면): 안2, 겉1, 안1, 겉1, 5코 남을 때까지 안뜨기, 겉1, 안1, 겉1, 안2.

41단(겉면): 겉6, 오른코늘리기, 7코 남는 자리까지 겉뜨기, 왼코늘리기, 겉6. (전체=45코)

43단(겉면): 겉6, 오른코늘리기, 7코 남는 자리까지 겉뜨기, 왼코늘리기, 겉6. (전체=47코)

45단(겉면): 겉6, 오른코늘리기, 7코 남는 자리까지 겉뜨기, 왼코늘리기, 겉6. (전체=49코)

46단(안쪽면): 안2, 겉1, 안1, 겉1, 안1, 안뜨기로 오른코늘리기, 7코 남을 때까지 안뜨기, 안뜨기로 왼코늘리기, 안1, 겉1, 안1, 겉1, 안2. (전체=51코)

마지막 코늘림 단의 좌우 끝코에 마커를 걸어 조임끈을 연결할 위치를 표시한다.

앞판 진동 아래와 밑단

1단(겉면) : 겉51.

2단(안쪽면) : 안2, 겉1, 안1, 겉1, 5코 남을 때까지 안뜨기, 겉1, 안1, 겉1, 안2.

1, 2단을 반복하여 20단까지 뜬다.

21, 23, 25 단(겉면) : 겉53.

22, 24, 26 단(안쪽면) : 안2, [겉1, 안1]×24회, 겉1, 안2.

첫코를 겉뜨기방향으로 걸러주고, 나머지 코는 겉뜨기로 뜨면서 코막음한다.

실을 15㎝ 남기고 자른 후 돗바늘을 이용하여 옆선에 연결한다.

앞판과 뒤판의 밑단 완성.

STEP 4
끈 여밈

1 8/0호 코바늘로 도안대로 25~30㎝ 길이의 여밈끈을 만든다.

2 겉면의 진동 마지막 코늘림을 표시했던 마커 위치에서 1번째와 2번째 코 사이에 코바늘을 넣어 진동선을 따라 반대편 진동 마지막 코늘림했던 마커 위치까지 빼뜨기를 한다.

3 이어서 반대편 여밈끈을 뜬다.

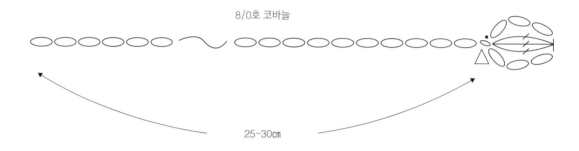

8/0호 코바늘

25~30cm

8호 코바늘로 도안대로 여밈끈을 뜬다.

반대쪽 마커 위치까지 빼뜨기를 한다.

마지막 진동늘림한 마커에 여밈끈을 연결한다.

이어서 반대쪽 여밈끈을 뜬다.

STEP 5

비죠여밈

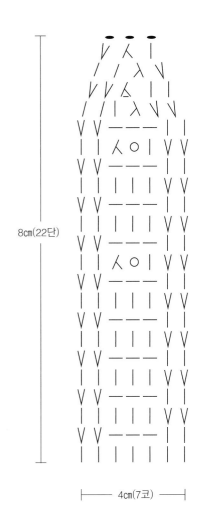

8cm(22단)

4cm(7코)

입어서 왼쪽 비죠

1단(겉면): 6.5㎜ 줄바늘로, 입어서 왼쪽뒤판 마커에서부터 7코를 줍는다.

2단(안쪽면): 안뜨기방향으로 2코 걸러뜨기, 겉3, 안2.

3단(겉면): 겉뜨기방향으로 걸러뜨기1, 안뜨기방향으로 걸러뜨기1, 겉5.

2, 3단을 반복하여 10단까지 뜬다.

11단(겉면): 겉뜨기방향으로 걸러뜨기1, 안뜨기방향으로 걸러뜨기1, 겉1, 바늘비우기, 왼코겹치기, 겉2.

2, 3단을 반복하여 16단까지 뜬다.

17단(겉면) : 겉뜨기방향으로 걸러뜨기1, 안뜨기방향으로 걸러뜨기1, 겉1, 바늘비우기, 왼코겹치기, 겉2.

18단(안쪽면) : 안뜨기방향으로 2코 걸러뜨기, 겉3, 안2.

19단(겉면) : 겉뜨기방향으로 걸러뜨기1, 안뜨기방향으로 걸러뜨기1, 오른코겹치기, 겉3.

20단(안쪽면) : 안뜨기방향으로 2코 걸러뜨기, 오른코겹치기, 안2.

21단(겉면) : 겉뜨기방향으로 걸러뜨기1, 오른코겹치기, 겉2.

22단(안쪽면) : 안뜨기방향으로 걸러뜨기1, 안뜨기-왼코겹치기, 코막음, 안1, 코막음.

실을 15㎝ 남기고 자른 후 돗바늘을 연결하여 비죠 끝이 안쪽으로 들어가게 실자락을 마무리한다.

8/0호 코바늘로 앞판 마커 위치부터 뒤판 마커 위치까지 빼뜨기를 한다

뒤판 마커 위치에서부터 7코를 주워 비죠를 뜬다.

8/0호 코바늘로 빼뜨기를 한다.

입 어 서 오른쪽 비죠

입어서 오른쪽뒤판 마커에서 7코 내려간 자리에서부터 7코를 주워 같은 방법으로 뜬다.

앞판에서 보는 비죠장식.

뒤판에서 보는 비죠장식.

양쪽 비죠장식 완성.

Knit Designer 한 미 란

대학에서 의상학을 전공하고, 여성복 디자이너로 근무하였다.
니트대전에서 은상을 수상하였고, 한국경제TV〈아름다운사람들〉,
KBS〈무엇이든 물어보세요〉 등 핸드니트 디자이너로 여러 프로그램에 출연했다.
2011년 서울에서 개최한 제8회 국제장애인기능올림픽대회
니트부분 심사위원이었으며, 현재 사단법인 한국손뜨개협회 이사이다.
신한대학교에서 니트디자인을 가르치고 있으며,
〈한미란의 바늘이야기(천호점)〉을 운영하면서
핸드니트 강사로 디자이너 과정 등을 강의하고 있다.
저서로는『내 아이를 위한 아주 특별한 손뜨개43(부록 한 권으로 끝나는 손뜨개 사전)』,
『한미란의 니트 교실_대바늘 뜨기』,『한미란의 니트 교실_코바늘 뜨기』,
『한미란의 니트 교실_거꾸로 뜨는 톱다운 니팅』,『한미란의 니트 교실_거꾸로 뜨는 톱다운 아이옷』 등이 있다.

강의 안내
인스타그램 hanmiran_ knitclass
재료 패키지 구입과 강의 문의
카카오톡 ID knitclass

한 미 란 의   니 트   교 실
거꾸로 뜨는 톱다운 아이옷

펴낸이 유재영
펴낸곳 그린홈
지은이 한미란

기획·책임편집 이화진
사진 한정선
디자인 임수미

1판 1쇄 2020년 12월 25일
1판 2쇄 2022년 3월 31일

출판등록 1987년 11월 27일 제10-149
주소 04083 서울 마포구 토정로 53(합정동)
전화 324-6130, 324-6131
팩스 324-6135

E-메일 dhsbook@hanmail.net
홈페이지 www.donghaksa.co.kr/www.green-home.co.kr
페이스북 www.facebook.com/greenhomecook
인스타그램 www.instagram.com/__greencook

ISBN 978-89-7190-765-8 13590